创建 Promise

]造函数创建 Promise：

```
let promise = new Promise((resolve, reject) => {
    resolve(value); // 或reject(reason)
});
```

:于履行状态的 Promise：

```
let promise = Promise.resolve(value);
```

:于拒绝状态的 Promise：

```
let promise = Promise.reject(reason);
```

多个 Promise 协同工作

ise.all([p1, p2, p3]**)**
当所有 Promise 都被解决时，
Promise 才会处于解决状态。
一个 Promise 被拒绝，则返
omise 就处于拒绝状态

ise.any([p1, p2, p3]**)**
一个 Promise 被履行，返回的
e 就处于履行状态；而当所有
e 都被拒绝时，返回的 Promise
拒绝状态

Promise.allSettled([p1, p2, p3]**)**
返回的 Promise 总是处于履行状态，并且
它带有一个结果对象数组

Promise.race([p1, p2, p3]**)**
如果首先确定状态的 Promise 是进入履行
状态，那么返回的 Promise 也将处于履行
状态；如果首先确定状态的 Promise 是进
入拒绝状态，那么返回的 Promise 也将处
于拒绝状态

wait-of 循环

```
for await (const value of [p1, p2, p3]) {
    console.log(value);
}
```

Promise 处理器

promise.**then(**onFulfilled, onRejected**)**

`▲value` .then(value => nextValue)➡ `▲nextValue`

`▲value` .then(() => throw error)➡ `▼error`

`▲value` .then(() => `●`)➡ `●`

promise.**catch(**onRejected**)**

`▼reason` .catch(reason => value)➡ `▲value`

`▼reason` .catch(() => throw error)➡ `▼error`

`▼reason` .catch(() => `●`)➡ `●`

promise.**finally(**onFinally**)**

`▲value` .finally(() => nextValue)➡ `▲value`

`▲value` .finally(() => `▲nextValue`)➡ `▲value`

`▼reason` .finally(() => value)➡ `▼reason`

`▼reason` .finally(() => throw error)➡ `▼error`

`▼reason` .finally(() => `▲value`)➡ `▼reason`

`●` Promise　　`▲` 已履行Promise　　`▼` 已拒绝Promise

 扫码了解更多内容

使用村

创建处

创建处

Prom
当且仅
返回的
若任何
回的Pr

Prom
一旦有
Promis
Promis
就处于

for-a

TURING

Understanding
JavaScript
Promises

一天理解

[美] 尼古拉斯·C. 扎卡斯（Nicholas C. Zakas）◎著

张越越 ◎译

解

JavaScript Promise

人民邮电出版社
北　京

图书在版编目（CIP）数据

一天理解JavaScript Promise／（美）尼古拉斯·C.扎卡斯（Nicholas C. Zakas）著；张越越译. -- 北京：人民邮电出版社，2024.4
ISBN 978-7-115-63999-8

Ⅰ．①一… Ⅱ．①尼… ②张… Ⅲ．①JAVA语言－程序设计 Ⅳ．①TP312.8

中国国家版本馆CIP数据核字(2024)第059650号

内 容 提 要

自从 2015 年被引入 JavaScript 以来，Promise 已经成为这门语言的重要组成部分。所有新的异步应用程序接口都是基于 Promise 构建的。正因为如此，深入理解 Promise 的原理是 JavaScript 开发人员的进阶必修课，也是所有 JavaScript 编程工作的重中之重。本书共有 5 章，篇幅短小精悍，代码清晰易懂。每一章从不同的方面展示了使用 Promise 的关键点和难点。随书附赠的 Promise 速查表有助于随用随查。读完本书，你将能在自己的项目中游刃有余地进行异步编程。现在就跟随著名 JavaScript 程序员尼古拉斯·C. 扎卡斯，开启 JavaScript Promise 之旅吧！

本书适合中高级 JavaScript 开发人员阅读。

◆ 著　　　　[美] 尼古拉斯·C. 扎卡斯（Nicholas C. Zakas）
　　译　　　　张越越
　　责任编辑　谢婷婷
　　责任印制　胡 南

◆ 人民邮电出版社出版发行　　北京市丰台区成寿寺路11号
　　邮编　100164　　电子邮件　315@ptpress.com.cn
　　网址　https://www.ptpress.com.cn
　　北京九州迅驰传媒文化有限公司印刷

◆ 开本：787×1092　1/32
　　印张：5.375　　　　　　　　2024年4月第1版
　　字数：75千字　　　　　　　2025年4月北京第2次印刷
　　著作权合同登记号　图字：01-2022-5041号

定价：49.80元
读者服务热线：(010)84084456-6009　印装质量热线：(010)81055316
反盗版热线：(010)81055315

版权声明

中文版序

我的第一本书《JavaScript 高级程序设计》于 2005 年出版[①]，全书超过 500 页。我当时认为，它涵盖了 JavaScript 的所有重要细节。2009 年出版的第 2 版超过 700 页，2012 年出版的第 3 版则超过 900 页。那时我才意识到，任何一本书都无法涵盖 JavaScript 的所有重要细节。该语言变得非常庞大，可用的应用程序接口也极为丰富。试图更新一部巨著成为不可持续的工作。

在过去的 20 年里，JavaScript 的迅猛发展使它从一门仅适用于浏览器的语言，变成了几乎无处不在的

[①] 也即大家所熟知的"JavaScript 红宝书"，中文版由人民邮电出版社于 2006 年出版。——编者注

语言。这要归功于 Node.js、Deno、Bun 等运行环境。你可以仅用 JavaScript 编写整个 Web 应用程序。此外，JavaScript 还可用于云函数、边缘函数、物联网设备等。JavaScript 已经从一门鲜有人知的语言，变成了你在2024 年的今天从事计算机工作时必须掌握的语言。

随着这种变化，我必须改变自己撰写关于 JavaScript 的图书的方式。我决定不再撰写关于整个 JavaScript 生态系统的书，转而撰写关于 JavaScript 特定主题的小书。我希望关注所有 JavaScript 开发人员都需要了解的基础主题，无论他们的代码将在何处运行。很快，我就意识到，开发人员如今最需要理解的主题是如何处理 Promise。

JavaScript 一直有能力推迟代码的执行时间，但优雅地实现这一点要归功于 2015 年引入的 Promise。在那之前，JavaScript 应用程序接口要么使用笨拙且易出错的回调函数，要么使用事件处理器。如今，你仍然可以在 IndexedDB 和 Node.js fs 模块等浏览器应用程序接口中看到这一点。

fetch()等新的应用程序接口使用 Promise。这样一来，你就能够使用 await 操作符让异步调用看起来和同步操作一样。与回调不同，未处理的错误会被抛出。开发人员现在可以利用工具查看异步调用栈，以调试程序。很多人希望不要阻塞 JavaScript 应用程序的主线程，无论是在浏览器端还是在服务器端。Promise 是实现这一点的首要途径。

这就是我写作本书的原因。如今在编写 JavaScript 应用程序时，你可能会更多地使用 await 操作符而不是 if 语句。深入理解 Promise 是编写安全、可扩展、高性能 JavaScript 应用程序的关键。这种需求在未来数年内会持续存在。

尼古拉斯·C.扎卡斯

2024 年 2 月

前言

能够轻松进行异步编程是 JavaScript 最强大的一个功能。作为一种为 Web 开发而生的语言，JavaScript 从一开始就需要响应用户与页面的交互，比如点击和按键，并由此创建出 onclick 等事件处理器来处理不同的用户交互行为。这些事件处理器让开发人员能够指定一个函数在以后的某个时间点执行，以应对该时间点发生的某个事件。

除了事件，Node.js 对**回调函数**（callback function）的使用进一步普及了 JavaScript 的异步编程功能。随着越来越多的程序开始使用异步编程，事件和回调不再足以满足开发人员的需求。因此，Promise 应运而生。

Promise 是实现异步编程的另一种选择，其工作方式与 future 和 deferred 类似。Promise 指定一部分将在以后执行的代码（就像事件处理器和回调函数一样），并指明该代码是否成功完成指定的工作。我们也可以根据代码的运行结果将多个 Promise 链接起来，从而使代码更容易理解和调试。

关于本书

本书的目标是解释 JavaScript 中的 Promise 是如何工作的，同时给出示例，以说明何时使用它。JavaScript 所有新的异步接口都将用 Promise 来构建，因此 Promise 是从整体上理解 JavaScript 的一个核心知识点。我希望本书能帮助你在项目中成功使用 Promise。

浏览器、Node.js 和 Deno 的兼容性

你可能尝试过各种 JavaScript 运行环境，如浏

览器、Node.js，以及 Deno。本书并不试图讨论这些 JavaScript 运行环境之间的差异，除非它们的差异大到让人难以理解。总体来说，本书主要讨论 ECMA-262 中描述的 Promise，仅在 JavaScript 运行环境有着巨大差异时才讨论其差异。因此，你所使用的 JavaScript 运行环境有时可能并不符合本书中基于 ECMA-262 标准的行为描述。

读者对象

本书旨在为那些已经熟悉 JavaScript 的人提供指导。具体而言，本书针对的是已有浏览器、Node.js 或 Deno 相关工作经验，且想学习 Promise 机制的中高级 JavaScript 开发人员。

本书不适合从未编写过 JavaScript 代码的初学者。你需要对这门语言有基本的理解，才能充分利用本书。

内容概要

本书包含 5 章内容，其中每一章介绍 JavaScript Promise 的一个不同的方面。多章直接介绍 Promise 的应用程序接口，且各章内容循序渐进，以便你能够逐步构建自己的知识体系。每一章都提供代码示例来帮助你学习新的句法和概念。

- 第 1 章介绍 Promise 的概念和工作原理，以及构造和使用它的不同方法。

- 第 2 章讨论将多个 Promise 链接在一起的几种方法，从而使异步操作的组合变得更加容易。

- 第 3 章解释 JavaScript 的一些内置方法。这些方法用于监控和响应多个并行的 Promise。

- 第 4 章介绍异步函数和 await 表达式的概念，并解释它们如何使用 Promise 及与 Promise 的相关性。

- 第 5 章解释如何在没有拒绝处理器的情况下正确追踪被拒绝的 Promise 请求。

排版约定

本书使用以下排版约定。

- **黑体字**表示新术语。
- 等宽字体（constant width）表示一段代码或代码中的元素。

所有的 JavaScript 代码示例都以代码块形式（也被称为 ECMAScript 模块或 ESM）书写。此外，较长的代码示例包含在以等宽字体显示的代码块中，如下所示：

```
1    function doSomething() {
2        // 函数内容
3    }
```

在一个代码块中，console.log() 语句右边的注释表示当代码执行时，你在浏览器或 Node.js 控制台中看到的输出，如下所示：

```
1    console.log("Hi");      // "Hi"
```

如果一个代码块中的某一行代码抛出了一个错误，那么错误信息会在代码的右边以注释形式显示。

```
1    doSomething();      // error!
```

帮助和支持

如果你在阅读本书时遇到任何问题，请发送电子邮件至 books@humanwhocodes.com，并务必在主题栏中提到本书的书名。

致谢

感谢我的父亲 Speros Zakas 对本书的文字进行编辑和校对，也感谢 Rob Friesel 所做的技术编辑工作。你们使本书变得更好。

感谢每一位审阅本书初稿并提供反馈意见的人：Mike Sherov、David Hund、Murat Corlu 和 Chris Ferdinandi。

免责声明

　　虽然作者和出版社已经尽力确保本书中的信息和说明准确无误，但是作者和出版社不对错误或遗漏承担任何责任，包括但不限于因使用或依赖本书而造成的损失。使用本书中的信息和说明，风险自负。如果本书包含或描述的任何代码示例及其他技术受开源许可证或他人的知识产权的约束，那么你有责任确保你的使用符合相关要求。

目录

第 1 章

Promise 基础

虽然 Promise 通常与异步操作相关，但它其实只是值的"临时占位符"。该值可能是已知的，或更常见的是，该值是一个异步操作的结果。所有函数都可以返回一个 Promise，而不用像以前一样订阅（subscribe）一个事件或传递一个回调（callback）给该函数，举例如下：

```
1    // fetch() 承诺会在未来的某个时刻完成
2    const promise = fetch("books.json");
```

fetch() 函数是 JavaScript 运行环境中的一个常见的实用函数，用来发出网络请求。fetch() 实际上不会立刻完成该请求，而是过一会儿才完成。因此，该函数返回的是一个代表异步操作结果的 Promise 对象（在本例中，该 Promise 对象存储在名为 promise 的变量中，但其实你可以任意命名这个变量），这样你就可以在将来使用它。你具体什么时候能使用这个结果，完全取决于该 Promise 的生命周期。

1.1　Promise 的生命周期

每个 Promise 都会经历一个短暂的生命周期，这个生命周期从待定（pending）状态开始。待定状态表明该 Promise 还没有完成。一个处于待定状态的 Promise 被认为是未确定的。在前面的例子中，Promise 在 fetch() 函数返回时就处于待定状态。一旦完成，该 Promise 就被视为已确定，并进入以下两种可能的状态之一（见图 1-1）。

- 履行（fulfilled）：该 Promise 已经成功完成。

- 拒绝（rejected）：由于错误或其他原因，该 Promise 没有被成功完成，也就是说被拒绝了。

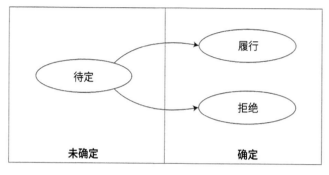

图 1-1 Promise 的状态

内部属性 [[PromiseState]] 可以被设置为 "pending"、"fulfilled" 或 "rejected"，以反映 Promise 的状态。因为这个属性在 Promise 对象上是非公开的，所以我们无法通过编程来确定 Promise 处于哪个状态。不过，我们可以在 Promise 的状态改变时，通过 then() 方法来指定具体的行为。

1.1.1　用 then() 分配处理器

then() 方法存在于所有 Promise 中，它有两个参数。第 1 个参数是当 Promise 被履行时要调用的函数，称为**履行处理器**（fulfillment handler）。任何与异步操作被履行相关的额外数据都被传给这个函数。第 2 个参数是当 Promise 被拒绝时要调用的函数，称为**拒绝处理器**（rejection handler）。与履行处理器类似，任何与异步操作被拒绝相关的额外数据都被传给拒绝处理器。

> ⓘ　任何以上述方式实现 then() 方法的对象都被称为 thenable。所有 Promise 都是 thenable，但并非所有 thenable 都是 Promise。

因为 then() 的两个参数都是可选的，所以你可以选择性地监听履行状态、拒绝状态或两者的任意组合。来看以下这组 then() 调用：

```
1  const promise = fetch("books.json");
2
```

```
3   // 添加履行处理器和拒绝处理器
4   promise.then(response => {
5       // 履行
6       console.log(response.status);
7   }, reason => {
8       // 拒绝
9       console.error(reason.message);
10  });
11
12  // 添加另外一个履行处理器
13  promise.then(response => {
14      // 履行
15      console.log(response.statusText);
16  });
17
18  // 添加另外一个拒绝处理器
19  promise.then(null, reason => {
20      // 拒绝
21      console.error(reason.message);
22  });
```

3 个 then() 调用都作用于同一个 Promise。第 1 个 then()
调用分配了一个履行处理器和一个拒绝处理器。第 2 个

then() 调用只分配了一个履行处理器, 该异步请求产生的错误不会被报给程序。第 3 个 then() 调用只分配了一个拒绝处理器, 则该异步请求的成功完成不会被报给程序。

> fetch() 函数的一个异常行为是, 只要它收到一个 HTTP 状态码, 哪怕是 404 或 500, 返回的 Promise 就是处于履行状态的。只有当网络请求因某种原因失败时, Promise 才会处于拒绝状态。如果想确保 HTTP 状态码在 200 ～ 299 这个范围内, 那么你可以检查 response.ok 属性, 如下所示。

```
1    const promise = fetch("books.json");
2
3    promise.then(response => {
4        if (response.ok) {
5            console.log("Request succeeded.");
6        } else {
7            console.error("Request failed.");
8        }
9    });
```

1.1.2　用 catch() 分配拒绝处理器

Promise 还有一个名为 catch() 的方法。当只传递一个拒绝处理器时，它的行为与 then() 类似。比如，下面的 catch() 调用和 then() 调用在功能上是相同的：

```
1   const promise = fetch("books.json");
2
3   promise.catch(reason => {
4       // 拒绝
5       console.error(reason.message);
6   });
7
8   // 等同于:
9
10  promise.then(null, reason => {
11      // 拒绝
12      console.error(reason.message);
13  });
```

then() 和 catch() 的根本目的是让你把它们结合起来使用，从而指明如何处理结果。这个组合比事件处理器和回调函数更好，因为它清楚地展示了操作成功与否。
（事件处理器往往不会在出现错误时被触发，而在回调
函数中，你必须随时记得检查可能出现的错误并手动处
理。）如果你不给一个被拒绝的 Promise 添加拒绝处理
器，那么 JavaScript 运行环境就会向控制台输出一条错
误消息，或者抛出一个错误对象，又或者两者都有（具
体取决于 JavaScript 运行环境）。

1.1.3　用 finally() 分配解决处理器

　　除了 then() 和 catch()，Promise 还有 finally()。
无论异步操作是成功还是失败，只要操作完成，那么传
给 finally() 的回调函数（被称为**解决处理器**）就会
被调用。与传给 then() 和 catch() 的回调函数不同，
传给 finally() 的回调函数不接受任何参数，因为我
们不清楚 Promise 是被履行了还是被拒绝了。因为解决
处理器在 Promise 被履行和被拒绝时都会被调用，所以
它类似于（但不完全相同，第 2 章将进一步讨论）使用

then() 时将同一个函数传递给 Promise 的履行处理器和拒绝处理器。以下是一个例子：

```
1   const promise = fetch("books.json");
2
3   promise.finally(() => {
4       // 我们不知道 Promise 是被履行还是被拒绝
5       console.log("Settled");
6   });
7
8   // 类似于：
9
10  const callback = () => {
11      console.log("Settled");
12  };
13
14  promise.then(callback, callback);
```

只要不访问回调函数的参数，这两个例子所表现的行为就是一致的。然而，与 then() 相比，使用 finally() 可以更清晰地表现你的意图。这一点和 catch() 一样。

当你希望知道一个操作已经完成但并不关心结果时，解决处理器很有用。举个例子，假设你想在 fetch() 请求处于活跃状态时在网页上显示一个加载指示器，然后在 fetch() 请求完成后隐藏该加载指示器。在这种情况下，该请求本身是否成功并不重要，因为一旦请求完成，加载指示器就应该隐藏。如下代码可在你的 Web 应用程序中满足上述需求：

```
1   const appElement = document.getElementById("app");
2   const promise = fetch("books.json");
3
4   appElement.classList.add("loading");
5
6   promise.then(() => {
7       // 处理成功
8   });
9
10  promise.catch(() => {
11      // 处理失败
12  });
13
```

```
14    promise.finally(() => {
15        appElement.classList.remove("loading");
16    });
```

在这里，appElement 代表在网页上包裹整个应用程序的 HTML 元素。使用 fetch() 发起一个网络请求，添加 CSS 类 loading 到该 HTML 元素中（这样做便可以适当地改变该元素的样式）。当网络请求完成后，Promise 的状态已确定，解决处理器将该 loading 类从 HTML 元素中移除，以重置应用程序的状态。你仍然可以使用 then() 和 catch() 来响应请求成功和失败的结果，而 finally() 只处理状态从不确定到确定的变更。如果没有 finally()，你就需要在履行处理器和拒绝处理器中都删除该 loading 类。

 通过 finally() 添加的解决处理器并不能避免由于请求被拒绝而向控制台输出或抛出错误。你仍需要添加一个拒绝处理器来避免这种情况。

11

1.1.4　为已确定的 Promise 分配处理器

即使履行处理器、拒绝处理器或解决处理器是在 Promise 的状态已确定的情况下添加的，该处理器也仍然会被执行。这样一来，你便可以在任何时候添加新的履行处理器和拒绝处理器，并确保它们会被调用。来看以下例子：

```
 1   const promise = fetch("books.json");
 2
 3   // 原来的履行处理器
 4   promise.then(response => {
 5       console.log(response.status);
 6
 7       // 现在再添加一个新的履行处理器
 8       promise.then(response => {
 9           console.log(response.statusText);
10       });
11   });
```

在这段代码中，原来的履行处理器在同一个 Promise

上添加了另一个履行处理器。此时，该 Promise 已经处于履行状态，所以新的履行处理器被添加到**微任务**（microtask）的队列中，并在就绪时被调用。拒绝处理器和解决处理器的工作方式也是如此。

1.1.5 处理器和微任务

在常规的程序执行流程中，JavaScript 代码是被当作一个任务来执行的。也就是说，JavaScript 会创建一个新的执行环境，彻底地执行代码，并在完成后退出。比如，网页中的一个按钮对应的 onclick 处理器被当作一个任务来执行。当该按钮被点击时，JavaScript 会创建一个新的任务，并执行 onclick 处理器。一旦执行完成，JavaScript 就会原地待命，等待下一次用户交互来执行更多的代码。然而，Promise 的处理器则是以一种不同的方式来执行的。

所有的 Promise 处理器，无论是履行处理器、拒绝处理器，还是解决处理器，都被作为 JavaScript 引擎内

部的微任务执行。微任务被排在队列中，JavaScript 会
在执行完当前任务后立即执行下一个任务。当 Promise
的状态确定后，对 then()、catch() 或 finally() 的
调用会将指定的微任务排在队列之中。

这与通过 setTimeout() 或 setInterval() 创建定
时器不同，这两个函数所创建的新任务会在之后某个时
刻执行。在微任务队列中的 Promise 处理器则一定会在
同一代码脚本任务中排队的定时器之前执行。你可以通
过使用全局的 queueMicrotask() 函数来测试这一点，
该函数可用于在无 Promise 的情况下创建微任务。

```
1  setTimeout(() => {
2      console.log("timer");
3
4      queueMicrotask(() => {
5          console.log("microtask in timer");
6      });
7
8  }, 0);
9
10 queueMicrotask(() => {
```

```
11       console.log("microtask");
12   });
```

　　以上这段代码创建了一个延迟为 0 毫秒的定时器，并在该定时器中创建了一个新的微任务。此外，这段代码还在定时器以外创建了一个微任务。当这段代码执行时，你会在控制台中看到以下输出内容：

```
1   microtask
2   timer
3   microtask in timer
```

尽管定时器的延迟被设置为 0 毫秒，但微任务还是先于定时器执行，其次是定时器，最后才是定时器内的微任务。

　　关于微任务（包括所有的 Promise 处理器）最重要的一点是，它们会在主任务完成后立即执行。这最大限度地缩短了解决 Promise 和对解决本身做出反应之间的时间间隔，从而使 Promise 适用于对运行时效有所要求的情况。

1.2　创建未解决的 Promise

　　新的 Promise 由 Promise 对象的构造函数来创建。这个构造函数接受一个被称作**执行器**（executor）的函数作为参数，该执行器包含初始化 Promise 所需的代码。执行器被作为参数传递给两个分别名为 resolve() 和 reject() 的函数。当执行器成功完成后，调用 resolve() 函数以示 Promise 操作成功完成；当执行器操作失败时，则调用 reject() 函数以示 Promise 操作失败。

　　下面是一个使用旧的 XMLHttpRequest 浏览器**应用程序接口**（application program interface，API）的例子：

```
1    // 浏览器示例
2
3    function requestURL(url) {
4        return new Promise((resolve, reject) => {
5
6            const xhr = new XMLHttpRequest();
7
```

```
8          // 分配事件处理器
9          xhr.addEventListener("load", () => {
10             resolve({
11                 status: xhr.status,
12                 text: xhr.responseText
13             });
14         });
15
16         xhr.addEventListener("error", error => {
17             reject(error);
18         });
19
20         // 发出请求
21         xhr.open("get", url);
22         xhr.send();
23     });
24 }
25
26 const promise = requestURL("books.json");
27
28 // 监听履行和拒绝的状态
29 promise.then(response => {
30     // 履行
31     console.log(response.status);
```

```
32       console.log(response.text);
33    }, reason => {
34       // 拒绝
35       console.error(reason.message);
36    });
```

在这个例子中，XMLHttpRequest 的调用被包裹在一个 Promise 中。"load" 事件表明该请求已成功完成，因此 Promise 执行器在事件处理器中调用了 resolve()。与之类似，"error" 事件表明该请求无法顺利完成，因此 Promise 执行器在该事件处理器中调用了 reject()。你可以通过重复这个过程（在事件处理器中使用 resolve() 和 reject()）来将基于事件的功能转换为基于 Promise 的功能。

执行器的重要性在于，它在创建 Promise 时会立即运行。在之前的例子中，我们创建 xhr 对象，分配事件处理器，并在 Promise 从 requestURL() 返回之前启动调用。当执行器调用 resolve() 或 reject() 时，Promise 的状态和值被立即设置，但所有 Promise 处理器（作为微任务）将暂时不会执行，直到当前的脚本工

作完成。假如你在执行器内部立即调用 resolve()，试
想会发生什么：

```
1  const promise = new Promise((resolve, reject) => {
2      console.log("Executor");
3      resolve(42);
4  });
5
6  promise.then(result => {
7      console.log(result);
8  });
9
10 console.log("Hi!");
```

在这里，Promise 被立即解决，没有任何延迟。然后，
我们通过 then() 添加一个履行处理器来输出操作结果。
尽管在添加履行处理器时，该 Promise 已经被解决，但
输出结果仍然如下所示：

```
1  Executor
2  Hi!
3  42
```

执行器首先运行并将 "Executor" 输出到控制台中。接着，履行处理器被分配，但不会立即执行。这段代码会创建一个新的微任务，它将在当前脚本工作完成后执行。这意味着 console.log("Hi!") 在履行处理器之前被执行，在当前脚本的其他部分完成后才输出 42。

 一个 Promise 只能被解决一次。如果你在一个执行器中多次调用 resolve()，那么第一次调用后的每一次调用都会被忽略。

执行器错误

如果执行器抛出错误，那么 Promise 的拒绝处理器就会被调用，如下所示：

```
1  const promise = new Promise((resolve, reject) => {
2      throw new Error("Uh oh!");
3  });
4
5  promise.catch(reason => {
```

```
6        console.log(reason.message);      // "Uh oh!"
7    });
```

在这段代码中，执行器故意抛出一个错误。每个执行器
内部都有一个隐式的 try-catch 块来捕获产生的错误，
然后将错误传递给拒绝处理器。前面的例子和如下例子
的效果相同：

```
1    const promise = new Promise((resolve, reject) => {
2        try {
3            throw new Error("Uh oh!");
4        } catch (ex) {
5            reject(ex);
6        }
7    });
8
9    promise.catch(reason => {
10        console.log(reason.message);      // "Uh oh!"
11    });
```

执行器可以捕获任何被抛出的错误，从而简化这种常见
情况的处理流程。如果没有分配拒绝处理器，JavaScript
引擎就会抛出错误并停止运行当前程序。

1.3　创建已解决的 Promise

由于 Promise 执行器的行为是动态的，因此 Promise 对象的构造函数是创建未解决 Promise 的最佳工具。不过，如果你想让 Promise 表示先前已计算出的值，那么仅创建一个将值传递给函数 resolve() 或 reject() 的执行器便没有什么实际意义。有两个方法可以根据确定的值来创建已解决的 Promise。

1.3.1　使用 Promise.resolve()

Promise.resolve() 方法接受一个参数并返回一个处于履行状态的 Promise 对象。这意味着如果你已经知道了 Promise 的值，就不必再提供执行器。来看以下这个例子：

```
1   const promise = Promise.resolve(42);
2
```

```
3    promise.then(value => {
4        console.log(value);      // 42
5    });
```

这段代码创建了一个已履行的 Promise。因此，履行处理器会收到 42 这个值。和本章中的其他例子一样，履行处理器在当前脚本工作完成后作为一个微任务执行。如果给这个 Promise 添加了拒绝处理器，那么拒绝处理器将永远不会被调用，因为这个 Promise 永远不会处于拒绝状态。

> 如果你把一个 Promise 传递给 Promise. resolve()，那么该方法就会返回你传递的那个 Promise 对象。
>
> ```
> 1    const promise1 = Promise.resolve(42);
> 2    const promise2 = Promise.resolve(promise1);
> 3
> 4    console.log(promise1 === promise2);   // true
> ```

1.3.2　使用 `Promise.reject()`

你也可以通过使用 `Promise.reject()` 来创建处于拒绝状态的 Promise 对象。这与 `Promise.resolve()` 的工作原理类似，只不过创建的 Promise 是处于拒绝状态的，如下所示：

```
1  const promise = Promise.reject(42);
2
3  promise.catch(reason => {
4      console.log(reason);        // 42
5  });
```

添加到该 Promise 中的任何额外的拒绝处理器都会被调用，但履行处理器不会被调用，因为该 Promise 永远不会处于履行状态。

1.3.3　非 Promise 的 `thenable` 对象

`Promise.resolve()` 和 `Promise.reject()` 也接

受非 Promise 的 thenable 对象作为参数。当传递一个非 Promise 的 thenable 对象时，这些方法会基于该 thenable 对象已确定的值和状态，创建一个新的 Promise 对象。

当一个对象有可接受参数 resolve 和 reject 的 then() 方法时，我们就认为该对象是一个非 Promise 的 thenable 对象，举例如下：

```
1   const thenable = {
2       then(resolve, reject) {
3           resolve(42);
4       }
5   };
```

除了 then() 方法，这个例子中的 thenable 对象没有其他与 Promise 对象相关联的特征。你可以通过调用 Promise.resolve() 来将 thenable 对象转换为处于履行状态的 Promise 对象：

```
1   const thenable = {
2       then(resolve, reject) {
```

```
3            resolve(42);
4        }
5    };
6
7    const promise = Promise.resolve(thenable);
8    promise.then(value => {
9        console.log(value);     // 42
10   });
```

在这个例子中，Promise.resolve()通过调用thenable.
then()来确定该 Promise 的状态。因为在 then()方法
中调用了 resolve(42)，所以 thenable 的 Promise 处
于履行状态。因此，以上代码创建了一个处于履行状态
的 Promise 对象（名为 promise），该 Promise 对象的
履行处理器接收来自 thenable 对象的 42 作为其值。

同理，可以用 Promise.resolve()来从 thenable
创建一个处于拒绝状态的 Promise，如下所示：

```
1    const thenable = {
2        then(resolve, reject) {
3            reject(42);
4        }
```

```
 5    };
 6
 7    const promise = Promise.resolve(thenable);
 8    promise.catch(value => {
 9        console.log(value);    // 42
10    });
```

这个例子与上一个例子类似，只不过 thenable 对象处于拒绝状态。当 thenable.then() 执行时，它会创建一个处于拒绝状态的 Promise 对象，其值为 42。这个值会被传递给 Promise 的拒绝处理器。

Promise.resolve() 和 Promise.reject() 的这种功能使你能够轻松地处理非 Promise 的 thenable 对象。在 2015 年 ECMAScript 引入 Promise 之前，很多库使用 thenable 对象。因此，能够将 thenable 转换为正式的 Promise 对于兼容之前的库来说非常重要。当你不确定一个对象是 Promise 时，通过 Promise.resolve() 或 Promise.reject()（具体选择哪一个，取决于你预期的操作结果）传递该对象是找出答案的最佳方法，因为 Promise 只会被原样传回。

1.4 小结

Promise 是值的"临时占位符",这个值将在以后某个时间点,作为某个异步操作的结果来提供给当前程序。你可以使用 Promise 来表示操作的结果,而无须使用事件处理器或回调函数。

Promise 有三种状态:待定(pending)、履行(fulfilled)和拒绝(rejected)。一个 Promise 从待定状态(未确定的状态)开始,在成功执行时进入履行状态,在失败时进入拒绝状态(履行状态和拒绝状态都是已确定的状态)。无论是哪种情况,都可以通过添加处理器来表明该 Promise 的状态已确定。then() 方法可用于分配履行处理器和拒绝处理器;catch() 方法可用于分配拒绝处理器;finally() 方法可用于分配解决处理器,无论操作结果是成功还是失败,解决处理器都会被调用。因为所有的 Promise 处理器都是被作为微任务来执行的,所以它们在当前脚本工作完成之前不会执行。

你可以使用构造函数来创建处于未确定状态的
Promise 对象，该构造函数接受一个执行器函数作
为其唯一的参数。执行器函数被传给 resolve() 和
reject()，以表明 Promise 是成功还是失败。执行器在
创建 Promise 时立即运行，这与被作为微任务运行的处
理器不同。执行器抛出的任何错误都会被自动捕获并传
递给 reject()。

可以使用 Promise.resolve() 来创建处于履行状
态的 Promise，或者使用 Promise.reject() 来创建处
于拒绝状态的 Promise。这两个方法都会把传入的参数
包裹在 Promise 中（如果该参数不是一个 Promise 对
象，也不是一个非 Promise 的 thenable 对象），并创建
一个新的 Promise 对象（对非 Promise 的 thenable 对
象而言），或将原来的 Promise 对象原样传递。当你不
确定某对象是 Promise，但又希望它表现得像 Promise
时，这些方法很有帮助。

虽然创建单一的 Promise 是在 JavaScript 中处理异
步操作的一种有用且有效的方式，但是你也可以以多种

有趣的组合方式将多个 Promise 链接在一起来处理不同的问题。第 2 章将介绍如何通过 Promise 处理器创建链式 Promise，以及为什么这样做是有价值的。

第 2 章

链式 Promise

到目前为止，Promise 可能看起来只不过是结合回调函数和 setTimeout() 所做的渐进式改进，但其意义远比表面上看起来的丰富得多。具体地说，我们可以用多种方法将 Promise 链接起来，以实现更复杂的异步功能。

实际上，对 then()、catch() 或 finally() 的每次调用都会创建并返回另一个 Promise。只有在第 1 个 Promise 被履行或被拒绝之后，第 2 个 Promise 的状态才能确定。参考以下例子：

```
1   const promise = Promise.resolve(42);
2
3   promise.then(value => {
```

```
4        console.log(value);
5    }).then(() => {
6        console.log("Finished");
7    });
```

以上代码的输出如下：

```
1    42
2    Finished
```

调用 promise.then() 会返回第 2 个 Promise，并在这个新的 Promise 上再次调用 then()。只有在第 1 个 Promise 被解决之后，第 2 个 then() 里的履行处理器才会被调用。如果将本例"解链"，我们就会得到如下代码：

```
1    const promise1 = Promise.resolve(42);
2
3    const promise2 = promise1.then(value => {
4        console.log(value);
5    });
6
```

```
7   promise2.then(() => {
8       console.log("Finished");
9   });
```

在这段非链式版本的代码中，promise1.then() 的结果被存储在 promise2 中，然后调用 promise2.then() 来添加最后的履行处理器。对 promise2.then() 的调用也会返回一个 Promise，只不过本例没有用到它。

2.1 捕获错误

使用链式 Promise 有利于捕获之前的 Promise 中的履行处理器或拒绝处理器所产生的错误。来看一个例子：

```
1   const promise = Promise.resolve(42);
2
3   promise.then(value => {
4       throw new Error("Oops!");
5   }).catch(reason => {
6       console.error(reason.message);   // "Oops!"
7   });
```

在这段代码中，promise 的履行处理器抛出了一个错误。在第 2 个 Promise 上对 catch( ) 的链式调用，能够通过拒绝处理器接收该错误。如果是拒绝处理器抛出错误，那么情况也一样：

```
1   const promise = new Promise((resolve, reject) => {
2       throw new Error("Uh oh!");
3   });
4
5   promise.catch(reason => {
6       console.log(reason.message);   // "Uh oh!"
7       throw new Error("Oops!");
8   }).catch(reason => {
9       console.error(reason.message); // "Oops!"
10  });
```

执行器抛出的错误触发了 promise 的拒绝处理器。然后，该拒绝处理器又抛出了另一个错误。这个错误被第 2 个 Promise 的拒绝处理器捕获。链式 Promise 中拒绝处理器的调用能够感知链中其他 Promise 抛出的错误。

　　我们可以利用链式 Promise 的这种能力来捕获错误，使之有效地起到类似于 try-catch 语句的作用。假如使用 fetch() 来检索一些数据，并希望捕获发生的错误：

```
1   const promise = fetch("books.json");
2
3   promise.then(response => {
4       console.log(response.status);
5   }).catch(reason => {
6       console.error(reason.message);
7   });
```

这个例子将在 fetch() 调用成功时输出响应状态，在调用失败时输出错误消息。我们可以进一步通过检查 response.ok 属性（第 1 章讨论过）来将范围 200 ～ 299 之外的状态码作为错误抛出，如下所示：

```
1   const promise =  fetch("books.json");
2
3   promise.then(response => {
4       if (response.ok) {
```

```
5          console.log(response.status);
6       } else {
7          throw new Error(`Unexpected status code: ${
8             response.status
9          } ${response.statusText}`);
10      }
11   }).catch(reason => {
12      console.error(reason.message);
13   });
```

在本例中，对 catch() 的调用创建了一个拒绝处理器。
该拒绝处理器既可以捕获由 fetch() 返回的错误，也
可以捕获履行处理器抛出的错误。也就是说，我们可以
仅使用一个拒绝处理器来处理链式 Promise 中可能发生
的所有错误，而无须使用两个处理器来捕获不同类型的
错误。

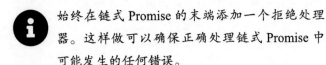 始终在链式 Promise 的末端添加一个拒绝处理
器。这样做可以确保正确处理链式 Promise 中
可能发生的任何错误。

2.2 在链式 Promise 中使用 `finally()`

finally() 的表现与 then() 或 catch() 不同，它将前一个 Promise 的状态和值复制到其返回的 Promise 中。这意味着如果原来的 Promise 处于履行状态，那么 finally() 会返回一个同样处于履行状态且值相同的 Promise。来看一个例子：

```
1    const promise = Promise.resolve(42);
2
3    promise.finally(() => {
4        console.log("Finally called.");
5    }).then(value => {
6        console.log(value);      // 42
7    });
```

在这里，因为解决处理器无法接收 promise 的值，所以该值被复制到由于调用 finally() 而新创建的 Promise 中。新 Promise 被履行的值是 42（从原 Promise 中复制而来）。因此，履行处理器接受 42 作为参数。需要注意

的是，即使新 Promise 和原 Promise 有着相同的值，它
们也并不是同一个对象，如下所示：

```
1    const promise1 = Promise.resolve(42);
2
3    const promise2 = promise1.finally(() => {
4        console.log("Finally called.");
5    });
6
7    promise2.then(value => {
8        console.log(value);    // 42
9    });
10
11   console.log(promise1 === promise2); // false
```

在这段代码中，从 promise1.finally() 返回的值被
存储在 promise2 中。基于此段代码，我们可以确定
promise2 与 promise1 不是同一个对象。对 finally()
的调用总是从原 Promise 复制状态和值。这也意味着，
当 finally() 在一个被拒绝的 Promise 上被调用时，它
会返回一个处于拒绝状态的 Promise，如下所示：

```
1   const promise = Promise.reject(43);
2
3   promise.finally(() => {
4       console.log("Finally called.");
5   }).catch(reason => {
6       console.error(reason);    // 43
7   });
```

这个例子中的 promise 处于拒绝状态，且拒绝理由是 43。和之前的例子一样，解决处理器无法获取该信息，因为 finally() 没有可以传入的参数。因此，它返回了一个新的 Promise，且该 Promise 因同样的理由被拒绝。之后，我们可以通过使用 catch() 来检索该 Promise 被拒绝的理由。

当解决处理器抛出错误或返回处于拒绝状态的 Promise 时，finally() 存在一个例外情况。在这种情况下，从 finally() 返回的 Promise 并不保持原 Promise 的状态和值，而是以抛出的错误为理由变为拒绝状态。来看一个例子：

```
1   const promise1 = Promise.reject(43);
2
3   promise1.finally(() => {
4       throw 44;
5   }).catch(reason => {
6       console.error(reason);    // 44
7   });
8
9   const promise2 = Promise.reject(43);
10
11  promise2.finally(() => {
12      return Promise.reject(44);
13  }).catch(reason => {
14      console.error(reason);    // 44
15  });
```

在这个例子中，因为解决处理器抛出 44 或返回 Promise.
reject(44)，所以被返回的 Promise 处于拒绝状态，其
值为 44 而不是 43。由于解决处理器抛出了错误，因此
原 Promise 的状态和值就都丢失了。

在第 1 章中，我们讨论了如何用解决处理器根据对
fetch() 的调用来切换应用程序的加载状态。现在，我

们使用链式 Promise 重写这个例子，并加入本章提到的
一些错误处理技巧，如下所示：

```
1    const appElement = document.getElementById("app");
2    const promise = fetch("books.json");
3
4    appElement.classList.add("loading");
5
6    promise.then(response => {
7        if (response.ok) {
8            console.log(response.status);
9        } else {
10           throw new Error(`Unexpected status code: ${
11               response.status
12           } ${response.statusText}`);
13       }
14   }).finally(() => {
15       appElement.classList.remove("loading");
16   }).catch(reason => {
17       console.error(reason.message);
18   });
```

与 try-catch 语句不同，我们不希望 finally() 成为

链式 Promise 的最后一环，以防 finally() 抛出错误。因此，应当首先调用 then()，以处理来自 fetch() 的响应，然后在链中添加 finally() 来触发 UI 变化，最后通过 catch() 来添加整条链的错误处理器。这里体现了解决处理器传递前一个 Promise 的状态的用处：如果履行处理器最终抛出一个错误，那么解决处理器将把该拒绝状态进一步传递给 catch()，以便拒绝处理器访问该状态。

2.3　从链式 Promise 中返回值

链式 Promise 的另一个重要能力是将数据从一个 Promise 传递给下一个 Promise。我们已经看到，传给执行器内部的 resolve() 处理器的值会被传递给该 Promise 的履行处理器。我们可以通过指定履行处理器的返回值来继续沿着链式 Promise 传递数据，如下所示：

```
1    const promise = Promise.resolve(42);
2
```

```
3    promise.then(value => {
4        console.log(value);      // 42
5        return value + 1;
6    }).then(value => {
7        console.log(value);      // 43
8    });
```

Promise 的履行处理器在被执行时返回 value + 1。虽然 value 的值是 42（来自执行器），但该履行处理器实际上返回的值是 43。然后，这个值被传递给第 2 个 Promise 的履行处理器，并由该处理器输出到控制台。

我们可以使用拒绝处理器完成同样的工作。拒绝处理器在被调用时可能会返回一个值。如果是这样，那么这个值就会被用来履行链中的下一个 Promise，如下所示：

```
1    const promise = Promise.reject(42);
2
3    promise.catch(value => {
4        // 拒绝处理器
5        console.error(value);    // 42
6        return value + 1;
```

```
 7    }).then(value => {
 8        // 履行处理器
 9        console.log(value);      // 43
10    });
```

我们在此创建了一个处于拒绝状态且值为 42 的 Promise。
这个值被传递给该 Promise 的拒绝处理器。拒绝处理器
将返回 value + 1。虽然这个返回值来自拒绝处理器，
但是它仍可被用于链中下一个 Promise 的履行处理器。
如有必要，在链中的某一个 Promise 失败后，我们能够
利用这一特点来恢复整条 Promise 链的操作。

　　然而，使用 finally() 会得到不同的结果。从解
决处理器返回的任何值都会被忽略。这样一来，我们就
可以访问原 Promise 的值。来看以下例子：

```
 1    const promise = Promise.resolve(42);
 2
 3    promise.finally(() => {
 4        // 解决处理器
 5        return 43;      // 忽略！
 6    }).then(value => {
```

```
7    // 履行处理器
8    console.log(value);    // 42
9  });
```

传递给履行处理器的值是 42，而不是 43。因为解决处理器中的返回语句被忽略了，所以我们才可以用 then() 检索到上层 Promise 传递来的原始值。这是调用 finally() 返回由复制上层 Promise 状态和值所创建的 Promise 的后果之一。

2.4　从链式 Promise 中返回 Promise

从 Promise 的处理器返回上层数据使得我们能够在链中的多个 Promise 之间传递数据。如果处理器返回的是一个对象，结果又会如何呢？如果该对象是一个 Promise，那么我们需要一个额外的步骤来决定接下来该如何做。考虑下面这个例子：

```
1  const promise1 = Promise.resolve(42);
2  const promise2 = Promise.resolve(43);
```

```
3
4   promise1.then(value => {
5       console.log(value);      // 42
6       return promise2;
7   }).then(value => {
8       console.log(value);      // 43
9   });
```

在这段代码中，promise1 被履行为 42。promise1 的履行处理器返回 promise2，这是一个已经处于履行状态的 Promise。第 2 个履行处理器之所以被调用，是因为 promise2 处于履行状态。如果 promise2 被拒绝，那么调用的应该是拒绝处理器（如果存在的话），而不是履行处理器。

关于这种模式，需要认识到的重要一点是，第 2 个履行处理器并非被添加到 promise2 上，而是被添加到第 3 个 Promise 上。前面的代码等同于以下这段代码：

```
1   const promise1 = Promise.resolve(42);
2   const promise2 = Promise.resolve(43);
3
```

```
4    const promise3 = promise1.then(value => {
5        console.log(value);      // 42
6        return promise2;
7    });
8
9    promise3.then(value => {
10       console.log(value);      // 43
11   });
```

很明显，第 2 个履行处理器被添加到 promise3 上，而没有被添加到 promise2 上。这是一个微妙但重要的细节，因为如果 promise2 被拒绝，那么第 2 个履行处理器将不会被调用。来看一个例子：

```
1    const promise1 = Promise.resolve(42);
2    const promise2 = Promise.reject(43);
3
4    promise1.then(value => {
5        console.log(value);      // 42
6        return promise2;
7    }).then(value => {
8        console.log(value);      // 永远不会被调用
9    });
```

在这个例子中，第 2 个履行处理器将永远不会被调用，因为 promise2 被拒绝。然而，我们可以额外附加一个拒绝处理器：

```
1   const promise1 = Promise.resolve(42);
2   const promise2 = Promise.reject(43);
3
4   promise1.then(value => {
5       console.log(value);   // 42
6       return promise2;
7   }).catch(value => {
8       console.error(value); // 43
9   });
```

由于 promise2 被拒绝，因此这里调用了拒绝处理器。promise2 的值 43 被传递给该拒绝处理器。

> 　　当一个操作需要不止一个 Promise 时，从履行处理器返回 Promise 会很有用。比如，fetch() 需要第 2 个 Promise 来读取响应主体。要读取一个 JSON 主体，我们需要使用 response.json()，它返回另一个 Promise。以下是不使用链式 Promise 的代码：

```
1    const promise1 = fetch("books.json");
2
3    promise1.then(response => {
4
5        promise2 = response.json();
6        promise2.then(payload => {
7            console.log(payload);
8        }).catch(reason => {
9            console.error(reason.message);
10       });
11
12   }).catch(reason => {
13       console.error(reason.message);
14   });
```

这段代码需要两个拒绝处理器来分别捕获两个步骤中可能出现的错误。要简化代码，我们可以从第 1 个履行处理器返回第 2 个 Promise：

```
1    const promise = fetch("books.json");
2
3    promise.then(response => {
```

```
4       return response.json();
5     }).then(payload => {
6       console.log(payload);
7     }).catch(reason => {
8       console.error(reason.message);
9     });
```

在这里，当收到响应时，第 1 个履行处理器就会被调用。该履行处理器会返回另一个 Promise，以 JSON 格式读取响应主体。当主体被读取并且有效载荷准备就绪时，第 2 个履行处理器就会被调用。我们只需要在链式 Promise 的末端添加一个拒绝处理器来捕获整个过程中可能发生的错误。

使用 finally() 从解决处理器返回 Promise 的效果与使用 then() 或 catch() 不同。如果从解决处理器返回一个处于履行状态的 Promise，那么该 Promise 将被忽略，而原 Promise 的值将被采用，如下所示：

```
1   const promise = Promise.resolve(42);
2
```

```
3    promise.finally(() => {
4        return Promise.resolve(44);
5    }).then(value => {
6        console.log(value); // 42
7    });
```

在这个例子中，解决处理器返回的 Promise 是以值 44
履行的，但是实际返回的 Promise 的值是原 Promise 的
值，即 42。

　　然而，如果我们从解决处理器返回一个处于拒绝状
态的 Promise，那么该解决处理器返回的 Promise 也会
处于拒绝状态，如下所示：

```
1    const promise = Promise.resolve(42);
2
3    promise.finally(() => {
4        return Promise.reject(43);
5    }).catch(reason => {
6        console.error(reason); // 43
7    });
```

即使原 Promise 被拒绝，这一点也成立，如下所示：

```
1   const promise = Promise.reject(43);
2
3   promise.finally(() => {
4       return Promise.reject(45);
5   }).catch(reason => {
6       console.log(reason); // 45
7   });
```

从解决处理器返回处于拒绝状态的 Promise 在功能上等同于抛出错误：返回的 Promise 因某个具体的理由而被拒绝。

> 　　从履行处理器或拒绝处理器返回 Promise 并不改变 Promise 执行器的执行时间。第 1 个 Promise 将首先运行其执行器；接着，第 2 个 Promise 将运行其执行器，以此类推。通过返回 Promise，我们可以对 Promise 的结果定义额外的响应。要推迟履行处理器的执行时间，我们可以在一个履行处理器中创建新的 Promise，如下所示：
>
> ```
> 1   const p1 = Promise.resolve(42);
> 2
> ```

```
3   p1.then(value => {
4       console.log(value); // 42
5
6       // 创建新的 Promise
7       const p2 = new Promise((resolve, reject) => {
8           setTimeout(() => {
9               resolve(43);
10          }, 500);
11      });
12
13      return p2;
14  }).then(value => {
15      console.log(value); // 43
16  });
```

我们在 p1 的履行处理器中创建了一个新的 Promise。
这意味着第 2 个履行处理器只有在 p2 被履行后才
执行。p2 的执行器使用 setTimeout() 在 500 毫
秒后解决这个 Promise，但实际情况是，我们可能
会发起网络请求或文件系统请求。如果我们想在
开始一个新的异步操作之前，等待之前的 Promise
确定其状态，那么这种模式会很有用。

2.5 小结

我们可以通过各种方式链接多个 Promise, 以在它们之间传递信息。对 then()、catch() 和 finally() 的每次调用都会创建并返回一个新的 Promise。只有当之前的 Promise 被解决时, 该 Promise 才会被解决。如果 Promise 处理器返回一个值, 那么这个值将成为调用 then() 和 catch() 所新创建的 Promise 的值 (finally() 会忽略这个值); 如果 Promise 处理器抛出一个错误, 那么这个错误会被捕获, 并且返回的新 Promise 将因这个错误被拒绝。

当一条链上的一个 Promise 被拒绝时, 链上的其他处理器所创建的 Promise 也都会被拒绝, 直到到达链的末端。鉴于此, 我们建议在每条 Promise 链的末端都附加一个拒绝处理器, 以确保错误得到正确处理。不能捕获被拒绝的 Promise, 将导致控制台输出错误消息, 或者抛出错误, 抑或两者都有 (取决于运行环境)。

我们可以从处理器返回 Promise。在这种情况下，从对 then() 和 catch() 的调用返回的 Promise 将处于解决状态，以匹配从处理器返回的 Promise 的解决状态和值（从 finally() 返回的已履行 Promise 将被忽略，处于拒绝状态的 Promise 则将被传递）。我们可以利用这一点，将一些操作延迟到某个 Promise 履行之后，再启动并返回第 2 个 Promise，从而继续使用同一条 Promise 链。

本章探讨了如何将多个 Promise 链接在一起，使它们表现得更像单一的 Promise。第 3 章将介绍如何处理多个并行的 Promise。

多个 Promise 协同工作

到目前为止，本书中的所有例子都只涉及一次响应一个 Promise。然而，我们有时希望通过监听多个 Promise 的进展来确定下一步的行动。JavaScript 提供了几种方法来监听多个 Promise，并以略微不同的方式对它们做出响应。本章讨论的所有方法都有助于同时执行多个 Promise，并将它们作为一个整体来响应。

3.1 Promise.all() 方法

Promise.all() 方法接受一个 iterable 对象（例如数组）作为参数，该参数包含需要监听的 Promise。

当且仅当该 iterable 对象中的每个 Promise 都被解决时，它才会返回一个处于解决状态的 Promise。在以下例子中，当 iterable 对象中的每个 Promise 都被履行时，返回的 Promise 才被履行：

```
1   let promise1 = Promise.resolve(42);
2
3   let promise2 = new Promise((resolve, reject) => {
4       resolve(43);
5   });
6
7   let promise3 = new Promise((resolve, reject) => {
8       setTimeout(() => {
9           resolve(44);
10      }, 100);
11  });
12
13  let promise4 = Promise.all([promise1, promise2,
14      promise3]);
15
16  promise4.then(value => {
17      console.log(Array.isArray(value)); // true
18      console.log(value[0]); // 42
```

```
19      console.log(value[1]); // 43
20      console.log(value[2]); // 44
21  });
```

这里的每个被解决的 Promise 都有相对应的一个值。对 Promise.all() 的调用创建了 promise4。当 promise1、promise2 和 promise3 都被履行时，promise4 才会被履行。传递给 promise4 的履行处理器的是一个包含 42、43、44 的数组。这些值是按照传递给 Promise.all() 的 Promise 的顺序存储的。这样一来，我们就可以将 Promise 的结果与解决它们的 Promise 相匹配。

如果传递给 Promise.all() 的某个 Promise 被拒绝，那么返回的 Promise 会被立即拒绝，而不会等待其他 Promise 执行完成：

```
1  let promise1 = Promise.resolve(42);
2
3  let promise2 = Promise.reject(43);
4
5  let promise3 = new Promise((resolve, reject) => {
6      setTimeout(() => {
```

```
 7          resolve(44);
 8      }, 100);
 9  });
10
11  let promise4 = Promise.all([promise1, promise2,
12      promise3]);
13
14  promise4.catch(reason => {
15      console.log(Array.isArray(reason)); // false
16      console.log(reason); // 43
17  });
```

在这个例子中，第 2 个 Promise（promise2）被拒绝，其值为 43。promise4 的拒绝处理器被立即调用，而不是等待第 1 个 Promise（promise1）或第 3 个 Promise（promise3）执行完成。（它们仍然会执行完成，只不过 promise4 不会等待执行结果。）

拒绝处理器总是接收单一的值，而不是接收数组。这个值是被拒绝的 Promise 的值。在本例中，我们传递给拒绝处理器的值为 43，以表明拒绝来自 promise2。

iterable 参数中的任何非 Promise 值都会被传递给 Promise.resolve() 并被转换为 Promise。

何时使用 Promise.all() 方法

Promise.all() 适用于任何需要等待多个 Promise 履行的情况，这其中任何一个 Promise 失败都会导致整个操作失败。下面介绍 Promise.all() 的一些常见用例。

1. 同时处理多个文件

当使用如 Node.js 或 Deno 这样的服务器端 JavaScript 运行环境时，我们可能需要读取多个文件以处理其中的数据。在这种情况下，最高效的做法是并行读取文件，并等待它们全部被读取后再继续处理数据。下面是一个在 Node.js 中读取文件的例子：

```
 1    import { readFile } from "node:fs/promises";
 2
 3    function readFiles(filenames) {
 4        return Promise.all(
 5            filenames.map(filename => readFile(filename,
 6                "utf8"))
 7        );
 8    }
 9
10    readFiles([
11        "file1.json",
12        "file2.json"
13    ]).then(fileContents => {
14
15        // 解析 JSON 数据
16        const data = fileContents.map(
17            fileContent => JSON.parse(fileContent)
18        );
19
20        // 进行必要的处理
21        console.log(data);
22
23    }).catch(reason => {
24        console.error(reason.message);
25    });
```

这个例子使用 Node.js 基于 Promise 的文件系统 API 来并行读取多个文件。readFiles() 函数接受一个由待读取文件名组成的数组作为参数,然后将每个文件名映射到 readFile() 函数创建的 Promise 对象。文件以文本形式读取(这一点从第 2 个参数 "utf8" 可知),其读取结果在履行处理器中作为 fileContents 数组可用,其中包含每个文件中的文本。在这里,文件内容被解析为 JSON 格式并存储在 data 数组中,然后再被传递给处理数据的函数。这是处理多个文件的常用方法,因为如果任何一个文件不能被读取或解析,那么整个操作就不能正确完成,应该及时停止。

2. 调用多个相互依赖的 Web 服务 API

Promise.all() 的另一个常见用例是调用多个相互依赖的 Web 服务 API。这在 REST API 中尤为常见,因为与实体相关的每种数据类型都可能有自己的端点。考虑这样一个应用场景:每个用户都拥有博客文章和相册,我们需要在用户的个人资料中展示这些信息。示例代码如下所示：

```
1   const API_BASE = "https://jsonplaceholder.typicode.com";
2
3   function createError(response) {
4       return new Error(`Unexpected status code: ${
5           response.status
6       } ${response.statusText} for ${
7           response.url
8       }`);
9   }
10
11  function fetchUserData(userId) {
12
13      const urls = [
14          `${API_BASE}/users/${userId}/posts`,
15          `${API_BASE}/users/${userId}/albums`
16      ];
17
18      return Promise.all(urls.map(url => fetch(url)));
19  }
20
21  fetchUserData(1).then(responses => {
22      return Promise.all(
```

```
23          responses.map(
24              response => {
25                  if (response.ok) {
26                      return response.json();
27                  } else {
28                      return Promise.reject(
29                          createError(response)
30                      );
31                  }
32              }
33          )
34      );
35  }).then(([posts, albums]) => {
36
37      // 对数据进行必要的处理
38      console.log(posts);
39      console.log(albums);
40
41  }).catch(reason => console.error(reason.message));
```

这个例子使用 JSONPlaceholder 服务，它是一个免费的伪 API，仅用于测试和原型设计。给定一个用户 ID，JSONPlaceholder 将生成虚构数据。在以上代码中，我们为每个用户提供端点 /posts 和 /albums。
fetchUserData() 函数接受一个用户 ID 并生成要调用
的 URL。接着，URL 被映射到每个 fetch() 调用所返
回的 Promise。当收到响应后，另一个 Promise.all()
调用将每个响应映射到另一个 Promise。这个 Promise
要么是 JSON 正文（如果响应状态码介于 200 和 299
之间），要么是处于拒绝状态的 Promise（这将中断整
个操作并调用拒绝处理器）。在最后的履行处理器中，
posts 和 albums 的数据准备就绪，以待处理。

3. 人为引入延迟

有时，我们想延迟一些事情的发生。与服务器端相
比，这种情况更可能发生在浏览器端，比如我们有时需
要在用户操作和响应之间引入延迟。具体地说，我们可
能想在从服务器获取数据期间显示一个加载指示器，但
如果响应太快，那么用户可能看不到加载动画，因而无
法判断屏幕上的数据是否为最新数据。在这种情况下，
我们可以人为引入延迟，如下所示：

```
1   const API_BASE = "https://jsonplaceholder.typicode.com";
2   const appElement = document.getElementById("app");
3
4   function createError(response) {
5       return new Error(`Unexpected status code: ${
6           response.status
7       } ${response.statusText} for ${
8           response.url
9       }`);
10  }
11
12  function delay(milliseconds) {
13      return new Promise(resolve => {
14          setTimeout(() => {
15              resolve();
16          }, milliseconds);
17      });
18  }
19
20  function fetchUserData(userId) {
21
22      appElement.classList.add("loading");
23
24      const urls = [
```

```
25          `${API_BASE}/users/${userId}/posts`,
26          `${API_BASE}/users/${userId}/albums`
27      ];
28
29      return Promise.all([
30          ...urls.map(url => fetch(url)),
31          delay(1500)
32      ]).then(results => {
33          // 去除 delay() 中的未定义结果
34          return results.slice(0, results.length - 1);
35      });
36  }
37
38  fetchUserData(1).then(responses => {
39      return Promise.all(
40          responses.map(
41              response => {
42                  if (response.ok) {
43                      return response.json();
44                  } else {
45                      return Promise.reject(
46                          createError(response)
47                      );
48                  }
```

```
49              }
50          )
51      );
52  }).then(([posts, albums]) => {
53
54      // 根据需要对数据进行必要的处理
55      console.log(posts);
56      console.log(albums);
57
58  }).finally(() => {
59      appElement.classList.remove("loading");
60  }).catch(reason => console.error(reason.message));
```

这段代码在前一个例子的基础上，为每一个 fetch()
调用引入了延迟。delay() 函数返回一个 Promise，
该 Promise 会在指定的毫秒数过去后确定状态。实
现方法是，使用 setTimeout() 函数并传递一个调用
resolve() 的回调函数。请注意，在这种情况下，无须
向 resolve() 传递任何值，因为没有相关数据。

我们也可以直接将 resolve 作为第 1 个参数传递给 setTimeout()。但是，某些 JavaScript 运行环境会向超时回调函数传递参数。为了在各种运行环境中实现最佳的兼容性，最好从另一个函数内部调用 resolve()。

fetchUserData() 函数发起对指定用户 ID 的 Web 服务请求。和之前的一个例子一样，Promise.all() 被用来同时监控多个 fetch() 请求，但在这个例子中，传递给 Promise.all() 的 Promise 数组还包含对 delay() 的调用。当返回的 Promise 被履行时，履行处理器会收到包含所有结果的数组，其中最后一个元素是 undefined。在最终结果从 fetchUserData() 返回之前，移除最后一个元素，这样调用 fetchUserData() 的代码就根本不需要知道 delay() 被调用。CSS 类 loading 被添加给 DOM 中的应用元素，以表明数据正在被检索，随后在数据就绪时被解决处理器删除。

以上便是 Promise.all() 的一些常见用例。如果一个 Promise 被拒绝了，但是我们还想让操作继续执行下去，

又该怎么办呢？在这种情况下，Promise.allSettled()
是更好的选择。

3.2　Promise.allSettled() 方法

Promise.allSettled() 方法在 Promise.all()
方法的基础上做了细微的改变。该方法会等待指定的
iterable 对象中的所有 Promise 都被解决，不管它们
是被履行还是被拒绝。Promise.allSettled() 的返回
值总是一个处于履行状态的 Promise，它带有一个结果
对象数组。

对处于履行状态的 Promise 而言，其结果对象有两
个属性。

- status：该属性总被设置为 fulfilled（履行）。
- value：这是该 Promise 被履行的值。

对处于拒绝状态的 Promise 而言，其结果对象也有
两个属性。

- status：该属性总被设置为 rejected（拒绝）。

- reason：这是该 Promise 被拒绝的值。

我们可以使用返回的结果对象数组来确定每个 Promise 的结果。

```
1   let promise1 = Promise.resolve(42);
2
3   let promise2 = Promise.reject(43);
4
5   let promise3 = new Promise((resolve, reject) => {
6       setTimeout(() => {
7           resolve(44);
8       }, 100);
9   });
10
11  let promise4 = Promise.allSettled([promise1,
12      promise2, promise3]);
13
14  promise4.then(results => {
15      console.log(Array.isArray(results));   // true
16
17      console.log(results[0].status); // "fulfilled"
```

```
18      console.log(results[0].value);   // 42
19
20      console.log(results[1].status);  // "rejected"
21      console.log(results[1].reason);  // 43
22
23      console.log(results[2].status);  // "fulfilled"
24      console.log(results[2].value);   // 44
25  });
```

　　尽管第 2 个 Promise（promise2）处于拒绝状态，但对 Promise.allSettled() 的调用仍然会返回一个处于履行状态的 Promise 和一个结果对象数组。然后，我们可以通过这些结果对象来确定其中每个 Promise 的结果。

何时使用 Promise.allSettled() 方法

　　Promise.allSettled() 方法的许多用例与 Promise.all() 方法相同。不过，它最适合用于忽略操作被拒绝、以不同方式处理拒绝或允许部分成功的情况。下面介绍 Promise.allSettled() 的一些常见用例。

1. 分别处理多个文件

在讨论 Promise.all() 时，我们看到了处理多个文件的例子。这些文件相互依赖，只有当所有文件都处理成功后，整个操作才能成功。在另一些情况下，我们分别处理多个文件。如果一个文件处理失败，那么我们无须停止整个操作，而是继续处理其他文件，同时记录处理失败的操作，以便之后重试。下面是一个在 Node.js 中处理多个文件的例子：

```
1   import { readFile, writeFile } from "node:fs/promises";
2
3   // 或者在文件上进行其他操作
4   function transformText(text) {
5       return text.split("").reverse().join("");
6   }
7
8   function transformFiles(filenames) {
9       return Promise.allSettled(
10          filenames.map(filename =>
```

```
11                  readFile(filename, "utf8")
12                      .then(text => transformText(text))
13                      .then(newText => writeFile(filename,
14                          newText))
15                      .catch(reason => {
16                          reason.filename = filename;
17                          return Promise.reject(reason);
18                      })
19          )
20      );
21  }
22
23  transformFiles([
24      "file1.txt",
25      "file2.txt"
26  ]).then(results => {
27
28      // 得到失败的结果
29      const failedResults = results.filter(
30          result => result.status === "rejected"
31      );
32
33      if (failedResults.length) {
34          console.error("Files not transformed:");
```

```
35          console.error("");
36
37          failedResults.forEach(failedResult => {
38              console.error(failedResult.reason.
39                  filename);
40              console.error(failedResult.reason.
41                  message);
42              console.error("");
43          });
44      } else {
45          console.log("All files transformed.");
46      }
47
48  });
```

这段代码读取一系列文件，颠倒文件中的文本顺序，然后将这些文本写回原始文件（当然，你可以用任何其他操作来替代 transformText() ）。transformFiles() 函数接受一个由文件名组成的数组，读取文件的内容，转换文本，并将转换后的文本写回文件。链式 Promise 体现了这个过程中的每一步。拒绝处理器为拒绝理由添加了属性 filename，以便事后更容易解释结果。

当对所有文件的操作都完成后，我们对 results
进行过滤，找出转换失败的文件，然后将失败结果输出
到控制台。在生产环境中，最好把失败结果送入一个监
控系统或一个队列中，以便再次尝试转换。

2. 调用多个独立的 Web 服务 API

在讨论 Promise.all() 时，我们看到的另一个例
子是调用多个 Web 服务 API，并且我们希望所有的请求
都能成功。如果无须所有的请求都成功，那么我们可以
使用 Promise.allSettled()。回顾之前的例子，如果
可以显示用户资料页面（即使有些数据丢失也没关系），
那么我们就可以通过使用 Promise.allSettled() 来避
免向用户显示错误消息。示例代码如下所示：

```
1    const API_BASE = "https://jsonplaceholder.typicode.com";
2
3    function fetchUserData(userId) {
4
5        const urls = [
6            `${API_BASE}/users/${userId}/posts`,
```

```
 7              `${API_BASE}/users/${userId}/albums`,
 8              `${API_BASE}/users/${userId}/extras`
 9      ];
10
11      return Promise.allSettled(urls.map(url =>
12              fetch(url)))
13          .then(results => results.map(result =>
14              result.value));
15  }
16
17  fetchUserData(1).then(responses => {
18      return Promise.all(
19          responses.map(
20              response => {
21                  if (response?.ok) {
22                      return response.json();
23                  }
24              }
25          )
26      );
27  }).then(([posts, albums, extras]) => {
28
29      // 根据需要对数据进行必要的处理
30      if (posts) {
```

```
31          console.log("Posts");
32          console.log(posts);
33      }
34
35      if (albums) {
36          console.log("Albums");
37          console.log(albums);
38      }
39
40      if (extras) {
41          console.log("Extras");
42          console.log(extras);
43      }
44
45  }).catch(reason => console.error(reason.message));
```

在这个例子中，fetchUserData() 函数使用了 Promise.
allSettled()，以确保拒绝可以被忽略。这个例子还
调用了第 3 个端点，即 /users/${userId}/extras。
因为这个端点并不存在，所以代码将返回 404（仅作演
示之用）。一旦所有请求都完成，履行处理器就会将每
个结果映射到对应的 value 属性。这样做确保任何处于

拒绝状态的 Promise 都会被映射到 undefined，并且处于履行状态的 Promise 被映射到从 fetch() 返回的响应对象。

首先，因为 response 可能是 undefined，所以我们需要在检查 ok 属性之前确定 response 是真值。然后，读取每个有效响应的 JSON 主体。最后，由履行处理器读取数据。因为不能保证每个请求的数据都存在（在这个例子中，extras 未定义），所以我们需要在处理数据之前检查每个值是否存在。

3. 等候动画播放完成

在一个网页中，元素可以同时以多种方式实现动画化。比如，我们可以使一个元素从网页的底部移动到顶部，同时改变该元素的宽度和高度，使其逐渐进入视野。在这种情况下，最好在对元素或网页进行下一步修改之前，等候所有的动画播放完成。Adam Argyle 在文章 "Building a Toast Component" 中解释了跟踪 DOM 元素的动画完成时间的基本方法。为清楚起见，我在这里重写了代码，如下所示：

```
1    function waitForAnimations(element) {
2        return Promise.allSettled(
3            element.getAnimations().map(animation =>
4                animation.finished)
5        );
6    }
7
8    const toasterElement = document.getElementById
9        ("toaster");
10   waitForAnimations(toasterElement)
11       .then(() => console.log("Toaster is done."));
```

在这个例子中，我们既不关心是否有任何动画播放失败，也不关心是否在动画播放过程中收到任何值。因此，Promise.allSettled() 比 Promise.all() 更合适。getAnimations() 方法返回一个动画对象数组，其中每个对象都有一个包含 Promise 的属性 finished。当动画播放完成时，这个 Promise 就会进入解决状态。通过将每个 Promise 传入 Promise.allSettled()，我们将在所有动画都播放完成时得到通知。因为

Promise.allSettled() 永远不会返回处于拒绝状态的 Promise，所以我们可以直接附加一个履行处理器，而不用担心漏掉任何未被捕获的拒绝错误。

3.3　Promise.any() 方法

Promise.any() 方法接受一个包含多个 Promise 的 iterable 对象，并在传入的任何 Promise 被履行时返回一个处于履行状态的 Promise。一旦其中一个 Promise 被履行，该操作就会提前完成。（这一点与 Promise.all() 相反。在 Promise.all() 中，一旦有一个 Promise 被拒绝，操作就会提前完成。）下面是一个例子：

```
1   let promise1 = Promise.reject(43);
2
3   let promise2 = Promise.resolve(42);
4
5   let promise3 = new Promise((resolve, reject) => {
6       setTimeout(() => {
7           resolve(44);
```

```
8        }, 100);
9    });
10
11   let promise4 = Promise.any([promise1, promise2,
12       promise3]);
13
14   promise4.then(value => console.log(value));  // 42
```

在这个例子中，尽管第 1 个 Promise（promise1）被拒绝了，但对 Promise.any() 的调用还是成功了，因为第 2 个 Promise（promise2）被成功履行。第 3 个 Promise（promise3）的结果则被忽略。

如果传递给 Promise.any() 的所有 Promise 都被拒绝，那么 Promise.any() 将返回一个处于拒绝状态的 Promise，并且拒绝理由是 AggregateError。AggregateError 是一个错误，它代表了存储在属性 errors 中的多个错误，举例如下：

```
1    let promise1 = Promise.reject(43);
2
3    let promise2 = new Promise((resolve, reject) => {
```

```
 4      reject(44);
 5    });
 6
 7    let promise3 = new Promise((resolve, reject) => {
 8        setTimeout(() => {
 9            reject(45);
10        }, 100);
11    });
12
13    let promise4 = Promise.any([promise1, promise2,
14        promise3]);
15
16    promise4.catch(reason => {
17        // 错误消息，具体内容取决于运行环境
18        console.log(reason.message);
19
20        // 输出拒绝值
21        console.log(reason.errors[0]); // 43
22        console.log(reason.errors[1]); // 44
23        console.log(reason.errors[2]); // 45
24    });
```

在这里，Promise.any() 收到的 Promise 都没有被履行。因此，返回的 Promise 以 AggregateError 为由被拒绝。

可以检查属性 errors，它是一个数组，可用来检索每个 Promise 的拒绝值。

何时使用 Promise.any() 方法

Promise.any() 方法最适合这样的情况：我们希望传入的任何一个 Promise 被成功履行，而不关心有多少其他 Promise 被拒绝，除非它们都被拒绝。下面介绍 Promise.any() 的一些常见用例。

1. 执行对冲请求

正如 Jeff Dean 和 Luiz André Barroso 在论文"The Tail at Scale"中所定义的，**对冲请求**（hedged request）是指客户端向多台服务器发出请求，并接受第一个回复的响应。这在客户端需要最小化延迟且有服务器资源专门用于管理额外负载和重复响应的情况下很有用。来看一个例子：

```
1    const HOSTS = [
2        "api1.example-url",
3        "api2.example-url"
4    ];
5
6    function hedgedFetch(endpoint) {
7        return Promise.any(
8            HOSTS.map(hostname => fetch(
9                `https://${hostname}${endpoint}`))
10       );
11   }
12
13   hedgedFetch("/transactions")
14       .then(transactions => console.log(transations))
15       .catch(reason => console.error(reason.message));
```

每个对冲请求都会调用一个主机数组。hedgedFetch()
函数根据这些主机名创建一个 fetch() 请求数组，并将
该数组传递给 Promise.any()。即使实际上有多个请求，
但在用户看来，也只有一个请求。这样一来，用户只需
使用一个履行处理器和一个拒绝处理器即可处理操作结
果。就算有一个请求失败了，用户也不会知道。只有当

所有请求都失败时，JavaScript 才会调用拒绝处理器。

2. 在 service worker 中使用最快速的响应

使用 service worker 的网页通常可以选择是从网络还是从缓存中加载数据。在某些情况下，网络请求可能比从缓存中加载更快。因此，我们可能想使用 Promise.any() 来选择更快的响应。下面这段代码说明了 service worker 内部的这种模式：

```
1   self.addEventListener("fetch", event => {
2
3       // 获取缓存响应
4       const cachedResponse = caches.match(event.request);
5
6       // 获取新的响应
7       const fetchedResponse = fetch(event.request.url);
8
9       // 以最佳方案响应
10      event.respondWith(
11          Promise.any([
12              fetchedResponse.catch(() => cachedResponse),
13              cachedResponse,
```

```
14           ])
15               .then(response => response ??
16                   fetchedResponse)
17               .catch(() => {})
18       );
19
20   });
```

使用 fetch 事件监听器，我们可以监听网络请求并拦截
响应。这个关于 service worker 的例子使用 fetch 事件
监听器从缓存（使用 caches.match()）和网络（使用
fetch()）中读取数据。对 caches.match() 的调用总是
返回一个处于履行状态的 Promise，其结果要么是匹配的
响应对象，要么是 undefined（如果请求不在缓存中）。
event.respondWith() 方法需要传递一个 Promise，因
此这个事件处理器传递了 Promise.any() 的结果。

　　Promise.any() 接收两个 Promise：一个是获取的
响应，它带有拒绝处理器，并且该拒绝处理器默认返回
来自缓存的响应；另一个是缓存的响应本身。通过这种
方式，如果缓存中存在满足要求的数据，或者获取网络

请求被拒绝，则 JavaScript 都将返回来自缓存的响应。然后，履行处理器需要确保收到的响应是有效的（请注意，如果缓存首先响应但未命中，则 response 可能为 undefined）。拒绝处理器不执行任何操作，因为在这种情况下没有备选方案。由于获取的响应和缓存的响应都被拒绝，因此 JavaScript 会悄悄地忽略错误，以允许浏览器采取默认行为。

虽然 Promise.any() 在第 1 个成功履行的 Promise 出现后就会提前完成，但我们也可以根据第 1 个已解决的 Promise 来提前完成整个操作，而不管结果如何。对于这种情况，我们可以使用 3.4 节介绍的 Promise.race()。

3.4 Promise.race() 方法

在监控多个 Promise 时，Promise.race() 方法与 Promise.any() 方法略有不同。这个方法也接受一个包含多个 Promise 的 iterable 对象，并返回一个 Promise，但返回的 Promise 在第 1 个 Promise 确定状态后就立即确定其状态。Promise.race() 不像 Promise.all() 那样等待所有 Promise 被解决，也不像 Promise.any() 那样在第 1 个 Promise 被履行时随即提前完成，而是一旦数组中的任何 Promise 的状态确定，就返回一个 Promise。来看一个例子：

```
1   let promise1 = Promise.resolve(42);
2
3   let promise2 = new Promise((resolve, reject) => {
4       resolve(43);
5   });
6
7   let promise3 = new Promise((resolve, reject) => {
8       setTimeout(() => {
9           resolve(44);
10      }, 100);
11  });
12
13  let promise4 = Promise.race([promise1, promise2,
14      promise3]);
15
16  promise4.then(value => console.log(value)); // 42
```

在这段代码中，第 1 个 Promise（promise1）处于履行状态，其他 Promise 则对应之后要执行的作业。随后，promise4 的履行处理器被调用，其值为 42，而其他 Promise 被忽略。传递给 Promise.race() 的 Promise 互相竞争，看哪个先确定状态。如果首先确定状态的 Promise 是进入履行状态，那么返回的 Promise 也将处于履行状态；如果首先确定状态的 Promise 是进入拒绝状态，那么返回的 Promise 也将处于拒绝状态。以拒绝状态为例，我们来看以下代码：

```
1   let promise1 = new Promise((resolve, reject) => {
2       setTimeout(() => {
3           resolve(42);
4       }, 100);
5   });
6
7   let promise2 = new Promise((resolve, reject) => {
8       reject(43);
9   });
10
11  let promise3 = new Promise((resolve, reject) => {
```

```
12      setTimeout(() => {
13          resolve(44);
14      }, 50);
15  });
16
17  let promise4 = Promise.race([promise1, promise2,
18      promise3]);
19
20  promise4.catch(reason => console.log(reason)); // 43
```

在这段代码中，promise1 和 promise3 都使用 setTime-
out() 来延迟履行时间。结果是，promise4 被拒绝，
因为 promise2 在 promise1 或 promise3 被解决之前就
被拒绝了。尽管 promise1 和 promise3 最终都成功履
行，但它们仍被忽略，因为履行状态在 promise2 被拒
绝之后才确定。

何时使用 Promise.race() 方法

如果我们希望能够提前完成涉及多个 Promise 的
操作，那么 Promise.race() 方法是最佳选择。在使用

Promise.any() 时，我们希望其中一个 Promise 成功，并且仅在所有 Promise 都失败时才给予关注。与此不同，在使用 Promise.race() 时，即使一个 Promise 失败，只要它在任何其他 Promise 成功之前失败，我们也希望得知这个情况。下面介绍 Promise.race() 的常见用例。

为操作设置超时

虽然 fetch() 函数有很多有用的功能，但它无法为一个给定的请求管理**超时**（timeout）。一个请求会处于挂起状态，直到该请求以某种方式完成。我们可以通过使用 Promise.race() 来轻松地创建一个封装方法，为任何请求添加超时：

```
1    function timeout(milliseconds) {
2        return new Promise((resolve, reject) => {
3            setTimeout(() => {
4                reject(new Error("Request timed out."));
5            }, milliseconds);
6        });
7    }
```

```
8
9    function fetchWithTimeout(...args) {
10       return Promise.race([
11           fetch(...args),
12           timeout(5000)
13       ]);
14   }
15
16   const API_URL = "https://jsonplaceholder.typicode.
17       com/users";
18
19   fetchWithTimeout(API_URL)
20       .then(response => response.json())
21       .then(users => console.log(users))
22       .catch(reason => console.error(reason.message));
```

timeout() 函数与我们之前在本章中创建的 delay()
函数类似，只不过它在延迟后调用 reject()，而非
resolve()。在这种情况下，延迟表示发生了错误，因
为我们想在某请求所花的时间超过预期（在这个例子中
是 5000 毫秒）时被告知。fetchWithTimeout() 函数随
后在一个数组中调用 fetch() 和 timeout()，并将其传

递给 Promise.race()。如果对 fetch() 的调用所花的时间超过了 timeout() 所规定的时间，返回的 Promise 就会被拒绝，以便我们进行适当的处理。

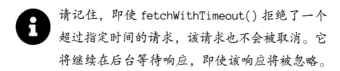 请记住，即使 fetchWithTimeout() 拒绝了一个超过指定时间的请求，该请求也不会被取消。它将继续在后台等待响应，即使该响应将被忽略。

3.5　小结

如果想同时监控和响应多个 Promise，那么我们可以采用 JavaScript 提供的多种方法。每种方法略有不同，但都让我们能够并行地运行多个 Promise，并将它们作为一个整体来响应。

- Promise.all()：当且仅当所有 Promise 都被解决时，返回的 Promise 才会处于解决状态。若任何一个 Promise 被拒绝，则返回的 Promise 就处于拒绝状态。

- `Promise.allSettled()`：返回的 Promise 总是处于履行状态，并且它带有一个结果对象数组。

- `Promise.any()`：一旦有一个 Promise 被履行，返回的 Promise 就处于履行状态；而当所有 Promise 都被拒绝时，返回的 Promise 就处于拒绝状态。

- `Promise.race()`：如果首先确定状态的 Promise 是进入履行状态，那么返回的 Promise 也将处于履行状态；如果首先确定状态的 Promise 是进入拒绝状态，那么返回的 Promise 也将处于拒绝状态。

这些方法各有用途。我们需要自己判断它们适合哪些场景。

第 4 章

异步函数和 await 表达式

JavaScript Promise 的设计初衷是作为底层工具在幕后供高级语言特性使用。异步函数便是这样的高级语言特性，它让使用 Promise 编程更接近于不使用 Promise 编程。与其担心如何追踪 Promise 及其各种处理器，我们不如用异步函数将 Promise 抽象化。这样做的结果是使代码遵循我们所熟悉的自上而下的运行顺序。

在讨论异步函数的原理细节之前，我们首先应当了解如何定义它。

4.1　定义异步函数

异步函数可以在任何原本使用同步函数的场合中使用。在大多数情况下，我们只需在函数定义或方法定义之前添加 async 关键字，即可使其成为异步函数或异步方法。下面是一些例子：

```
1   // 异步函数声明
2   async function doSomething() {
3       // 函数体
4   }
5
6   // 异步箭头函数
7   const doSomethingToo = async () => {
8       // 函数体
9   };
10
11  // 异步箭头函数
12  const doSomethingElse = async a => {
13      // 函数体
14  };
15
```

```
16    // 异步对象方法
17    const object = {
18        async doSomething() {
19            // 方法体
20        }
21    };
22
23    // 异步类方法
24    class MyClass {
25        async doSomething() {
26            // 方法体
27        }
28    }
```

async 关键字表示，紧跟其后的函数或方法应该是异步的。对 JavaScript 引擎来说，提前知道一个函数是否为异步函数很重要，因为异步函数的表现与同步函数不同。

4.2 异步函数的不同之处

异步函数与同步函数的差异体现在以下 4 个方面：

- 返回值总是一个 Promise；
- 抛出的错误是处于拒绝状态的 Promise；
- 可以使用 await 表达式；
- 可以使用 for-await-of 循环。

异步函数在上述 4 个方面与同步函数截然不同。我们有必要详细了解每一个方面。

4.2.1　返回值总是一个 Promise

与在同步函数中相同，我们可以在异步函数中使用 return 操作符。不同的是，无论我们用 return 指定什么类型的值，异步函数都总是返回一个 Promise。举例来说，如果返回一个数，那么这个数会被包裹在一个 Promise 中，如下所示：

```
1   async function getMeaningOfLife() {
2       return 42;
3   }
4
```

```
5    const result = getMeaningOfLife();
6    console.log(result instanceof Promise);   // true
7    console.log(typeof result === "number");  // false
8
9    result.then(value => {
10       console.log(value);                    // 42
11   });
```

在这段代码中，异步函数 getMeaningOfLife() 返回了
42，但返回值实际上是一个处于履行状态的 Promise。
我们可以附加一个履行处理器来检索该值。实际上，异
步函数会在后台调用 Promise.resolve()，以确保总是
返回一个 Promise。

　　如果在异步函数中向 return 传递一个 Promise，那
么该 Promise 不会被直接传递。相反，它的状态和值将
被复制给一个新的 Promise 并返回。下面是一个例子：

```
1    const promise = Promise.resolve(42);
2
3    async function getMeaningOfLife() {
4        return promise;
5    }
```

```
6
7   const result = getMeaningOfLife();
8   console.log(result === promise);   // false
9   result.then(value => {
10      console.log(value);            // 42
11  });
```

在这里，result 不是原 Promise，但它的内部状态与原 Promise 相同。因此，它的值仍然为 42。

如果我们没有为一个异步函数指定返回值，那么它就会返回一个 Promise，并且其值为 undefined，举例如下：

```
1   async function doSomething() {
2       // 没有返回值
3   }
4
5   const result = doSomething();
6   console.log(result instanceof Promise);   // true
7   result.then(value => {
8       console.log(value);   // undefined
9   });
```

无论我们用异步函数做什么，它都会返回一个 Promise。
即便有错误被抛出，情况也是如此。

4.2.2 抛出的错误是处于拒绝状态的 Promise

当异步函数发生错误时，它会返回一个处于拒绝状态的 Promise，而不是在函数外抛出错误。这意味着我们不能通过使用 try-catch 来从异步函数中捕获错误。举例来说，下面的代码不会捕获到错误：

```
async function throwError() {
    throw new Error("Oh no!");
}

try {
    throwError();
    console.log("Didn't catch error");
} catch (ex) {
    // 永远不会被调用
    console.log("Caught error");
}
```

在这个例子中，try-catch 语句没有捕获到 throwError()
抛出的错误。这是因为 throwError() 返回的是处于拒
绝状态的 Promise。为了捕获这个错误，我们需要使用
拒绝处理器，如下所示：

```
1   async function throwError() {
2       throw new Error("Oh no!");
3   }
4
5   throwError().catch(reason => {
6       console.log("Caught error:", reason.message);
7   });
```

在这里，拒绝处理器是用 catch() 分配的，结果是向
控制台输出一条相关的错误消息。

JavaScript 引擎花了很大力气来确保异步函数总是
返回 Promise。这样一来，我们就可以用统一的方法处
理返回值。这又引入了异步函数不同于同步函数的第 3
个方面：可以使用 await 表达式。

4.2.3 可以使用 await 表达式

await 表达式的设计初衷是使 Promise 的应用变得简单。在 await 表达式中使用的任何 Promise 都不需要手动分配履行处理器和拒绝处理器，而更像是同步函数中的代码：await 表达式在操作成功时返回 Promise 履行后的结果值，或在操作失败时抛出 Promise 被拒绝后的结果值。这让我们能够轻松地将 await 表达式的结果值赋给某个变量，并使用 try-catch 语句捕获拒绝值。下面是一个使用 fetch() API（在 Web 浏览器和 Deno 中可用）但不使用 await 表达式的例子：

```
1   function retrieveJsonData(url) {
2       return fetch(url)
3           .then(response => {
4               if (response.ok) {
5                   return response.json();
6               } else {
7                   throw new Error(`Unexpected
8                       status code: ${
9                       response.status
```

```
10              } ${response.statusText}`);
11          }
12      })
13      .catch(reason => console.error
14          (reason.message));
15  }
```

retrieveJsonData() 函数返回一个 Promise。该 Promise 的结果为 response 中的 JSON 数据。另有一个用于输出错误消息的拒绝处理器。下面展示如何把这个函数改写成使用 await 表达式的异步函数：

```
1   async function retrieveJsonData(url) {
2
3       try {
4           const response = await fetch(url);
5           if (response.ok) {
6               return await response.json();
7           } else {
8               throw new Error(`Unexpected status
9                   code: ${
10                  response.status
11              } ${response.statusText}`);
```

```
12              }
13         } catch (error) {
14             console.error(error.message);
15         }
16    }
```

在 retrieveJsonData() 的这个重写版本中，对 await fetch(url) 的调用为返回的 Promise 定义了履行处理器和拒绝处理器。变量 response 被赋予该 Promise 履行后的结果值（如果成功的话），而如果 Promise 被拒绝，则会有错误抛出，并由 try-catch 语句捕获。fetch(url) 函数仍然返回一个结果为 JSON 数据的 Promise，但它是通过返回 response.json()（另一个 Promise）履行后的结果值来实现的。如果 response.json() 引发了拒绝，那么它也会抛出一个错误。该错误将由 try-catch 语句捕获。

你可能会有这样的疑问：如果返回的是一个 Promise，那么为什么不直接返回 response.json()，而非要使用 await 表达式呢？来看下面的例子：

```
1    async function retrieveJsonData(url) {
2
3        try {
4            const response = await fetch(url);
5            if (response.ok) {
6                return response.json();
7            } else {
8                throw new Error(`Unexpected
9                    status code: ${
10                    response.status
11                } ${response.statusText}`);
12            }
13        } catch (error) {
14            console.error(error.message);
15        }
16    }
```

当 response.json() 成功时，这和前面的例子一样；但是当 response.json() 失败时，被拒绝的 Promise 不会被当作错误抛出，因此也不会被这段代码中的 try-catch 语句捕获。正是因为 await 表达式，函数才能在 Promise 被拒绝时抛出错误。如果我们不使用 await 表达式，那么被拒绝的 Promise 将只会被拒绝处理器捕获。在这个例子中，必须由调用这个函数的代码添加拒绝处理器，如下所示：

```
1    async function retrieveJsonData(url) {
2
3        try {
4            const response = await fetch(url);
5            if (response.ok) {
6                return response.json();
7            } else {
8                throw new Error(`Unexpected
9                    status code: ${
10                   response.status
11               } ${response.statusText}`);
12           }
13       } catch (error) {
14           console.error(error.message);
15       }
16   }
17
18   retrieveJsonData("https://api.example-url/users")
19       .then(data => doSomething(data))
20       .catch(reason => console.error(reason.
21           message));
```

这两种情况各有用例。有时，我们想在异步函数内部捕获错误；有时，我们则想让错误在函数外部得到处理。

1. 对非 Promise 使用 await 表达式

我们可以对非 Promise 使用 await 表达式，因为其结果值总是通过 Promise.resolve() 传递。这意味着若结果值为 Promise，那么该 Promise 将被直接传递；若结果值为非 Promise 的 thenable 对象，则该对象会被解析为 Promise 后再被传递；而其他类型的值则会被包裹在 Promise 中后再被传递。来看下面的例子：

```
1  async function getMeaningOfLife() {
2      return await 42;
3  };
4
5  getMeaningOfLife().then(value => console.log(value));
```

这段代码中的 getMeaningOfLife() 函数返回一个处于履行状态的 Promise，其值为 42。我们可以像下面这样重写这个函数，从而在不用异步函数的情况下实现同样的功能：

```
1  function getMeaningOfLife() {
```

```
2        return Promise.resolve(42);
3    };
4
5    getMeaningOfLife().then(value => console.log(value));
```

await 拥有处理非 Promise 的能力。这意味着，即使我们猜错了正在使用的值，也没有关系。

2. 对多个 Promise 使用 await 表达式

尽管 await 表达式只对一个 Promise 进行操作，但我们可以利用 Promise 的内置方法来有效地对多个 Promise 进行操作。举例来说，如果想等待一个数组中的每一个 Promise 都成功履行，那么我们可以结合使用 Promise.all() 方法和 await 表达式：

```
1    async function doSomething() {
2
3        try {
4            return await Promise.all([
5                promise1,
6                promise2,
```

```
7              promise3
8          ]);
9      } catch (error) {
10         console.error(error.message);
11     }
12 }
```

在这段代码中，await 被用于 Promise.all() 的结果，以使函数等待，直到所有 Promise 都成功履行或者其中一个被拒绝（在后一种情况下，会有错误抛出）。在函数等待时，这 3 个 Promise 可以自由地并行履行。下面是一个在 Node.js 中读取多个文件的例子：

```
1 import { readFile } from "node:fs/promises";
2
3 async function readFiles(filenames) {
4     const fileContents = await Promise.all(
5         filenames.map(filename => readFile
6             (filename, "utf8"))
7     );
8
9     return fileContents.map(
```

```
10              fileContent => JSON.parse(fileContent)
11      );
12  }
13
14  readFiles([
15      "file1.json",
16      "file2.json"
17  ]).then(data => {
18
19      // 按需处理
20      console.log(data);
21
22  }).catch(reason => {
23      console.error(reason.message);
24  });
```

异步函数 readFiles() 使用 await 与 Promise.all()
来等待所有文件读取完成。然后，文件内容可以被解析
为 JSON 数据，从而以最合适的格式返回数据。

> **ⓘ** 当然，我们也可以将 await 与 Promise.all-
> Settled()、Promise.any()、Promise.race()
> 或其他任何返回 Promise 的函数结合使用。

4.2.4　可以使用 for-await-of 循环

另一个可以在异步函数中启用的特殊语法是 for-await-of 循环，它让我们能够从一个 iterable 对象中检索值。iterable 对象具有 Symbol.iterator 方法，它返回一个迭代器；异步 iterable 对象具有 Symbol. asyncIterator 方法，它也返回一个迭代器，其结果值总是一个 Promise。for-await-of 循环首先对 iterable 对象返回的每个值调用 Promise.resolve()，接着等待每个 Promise 确定状态，然后继续进行循环的下一次迭代。

在 JavaScript 中，最常用的 iterable 对象是数组。我们可以使用一个 Promise 数组和一个 for-await-of 循环来依次处理 Promise，如下所示：

```
1  const promise1 = Promise.resolve(1);
2  const promise2 = Promise.resolve(2);
3  const promise3 = Promise.resolve(3);
4
```

```
5   for await (const value of [promise1, promise2,
6       promise3]) {
7       console.log(value);
8   }
```

这个例子按照顺序处理 promise1、promise2 和 promise3。尽管这些是已解决的 Promise，但 for-await-of 循环也可以用于未解决的 Promise。因为 for-await-of 循环总是对从 iterable 对象中获取的值调用 Promise. resolve()，所以我们可以直接将它用于数组，如下所示：

```
1   for await (const value of [1, 2, 3]) {
2       console.log(value);
3   }
```

在这个例子中，虽然数组中没有 Promise，但 for-await-of 循环仍然正常工作。

在 Node.js 中，最常用的异步 iterable 对象是 ReadStream 对象。ReadStream 对象被用来定期从一个数据可能不全的数据源中读取数据。对于网络请求、读取大文件或事件流，ReadStream 对象提供了便捷的途径。以下是一个例子：

```
 1  import fs from "node:fs";
 2
 3  async function readCompleteTextStream(readable) {
 4      readable.setEncoding("utf8");
 5
 6      let data = "";
 7      for await (const chunk of readable) {
 8          data += chunk;
 9      }
10
11      return data;
12  }
13
14  const stream = fs.createReadStream("data.txt");
15  readCompleteTextStream(stream)
16      .then(text => console.log(text));
```

readCompleteTextStream() 函数接受一个名为 readable 的 ReadStream 对象作为参数。为了读取文本文件，我们首先使用 setEncoding() 方法将编码设置为 "utf8"。

然后，使用 for-await-of 循环遍历从 readable 读取的
数据。如果文件内容较短，那么其中可能只有一个数据
块；如果文件内容较长，那么其中可能有多个数据块。
使用 for-await-of 循环时，我们不必担心究竟有多少
数据块。

与 await 表达式类似，如果从异步 iterable 对象
返回的任何 Promise 被拒绝，那么 for-await-of 循环会
抛出一个错误。我们可以在异步函数内部用 try-catch
语句捕获这个错误，如下所示：

```
1   import fs from "node:fs";
2
3   async function readCompleteTextStream(readable) {
4       readable.setEncoding("utf8");
5
6       try {
7           let data = "";
8           for await (const chunk of readable) {
9               data += chunk;
10          }
11          return data;
```

```
12        } catch (error) {
13            console.error(error.message);
14        }
15    }
16
17    const stream = fs.createReadStream("data.txt");
18    readCompleteTextStream(stream)
19        .then(text => console.log(text));
```

for-await-of 循环中第一个被拒绝的 Promise 会导致错误抛出。try-catch 语句可以捕获这个错误并将其记录到控制台中。如果没有 try-catch 语句，那么 for-await-of 循环中被拒绝的 Promise 将被捕获并作为 readCompleteTextStream() 函数中被拒绝的 Promise 返回。

4.3 顶层 await 表达式

我们可以在 JavaScript 模块的顶层（位于异步函数之外）使用 await 表达式。从本质上讲，JavaScript 模块在默认情况下就像包裹着整个模块的异步函数一样。这使得我们可以直接调用基于 Promise 的函数，比如使用 import() 函数：

```
1  // 静态导入
2  import something from "./file.js";
3
4  // 动态导入
5  const filename = "./another-file.js";
6  const somethingElse = await import(filename);
```

使用顶层 await 表达式，我们可以在静态加载模块的同时动态加载模块。（动态加载的模块允许我们动态地构建模块指定符，这在静态导入中是不可能实现的。）这个例子同时展示了静态导入和动态导入，以说明二者的区别。

当 JavaScript 引擎遇到一个顶层 await 表达式时，JavaScript 模块会暂停执行，直到该 Promise 被解决。如果被暂停的模块的父模块有静态导入需要处理，那么即使在使用顶层 await 表达式的同级模块被暂停时，这些静态导入也可以继续。在这种情况下，我们无法保证同级模块的加载顺序，但这个顺序往往并不重要。

 不能在 JavaScript 脚本中使用顶层 await 表达式。为了使用顶层 await 表达式，我们必须使用 import 或 <script type="module"> 来加载 JavaScript 代码。

4.4 小结

异步函数让我们可以在无须手动分配履行处理器和拒绝处理器的情况下使用 Promise。通过在函数定义之前添加 async 关键字，我们可以将任何函数变成异步函数。

异步函数的返回值总是一个 Promise。如果你从异步函数中返回一个 Promise，那么它将被复制并返回到被调用的节点；如果你返回一个非 Promise 值，那么该值将被解析为 Promise 并返回到被调用的节点。

　　异步函数抛出的错误会被捕获并作为处于拒绝状态的 Promise 返回。正因为如此，我们无法使用 try-catch 语句来捕获源自异步函数的错误。相反，我们需要给返回的 Promise 分配一个拒绝处理器。

　　异步函数有两种特殊的语法：await 表达式和 for-await-of 循环。await 表达式用于为 Promise 自动分配履行处理器和拒绝处理器，从而使履行值成为 await 表达式的返回值，拒绝则会导致错误被抛出。for-await-of 循环用于异步 iterable 对象，并允许在循环中使用 Promise。for-await-of 循环等待从异步 iterable 对象返回的每个 Promise 确定状态，然后再进入下一次迭代。如果一个来自异步 iterable 对象的 Promise 被拒绝，那么就会有错误被抛出。

　　此外，我们还可以在 JavaScript 模块的顶层（位于异步函数之外）使用 await 表达式。不过，这个功能在 JavaScript 脚本中不可用。

第 5 章

追踪未处理的拒绝情况

　　就第一代 Promise 而言，如果被拒绝的 Promise 没有拒绝处理器，那么操作就会悄悄地失败。许多人认为这是 JavaScript 规范中最大的缺陷，因为它是该语言中唯一没有让错误显而易见的部分。后来，JavaScript 运行环境引入了控制台警告，这至少可以在出现未处理的拒绝情况时通知开发人员，有些 JavaScript 运行环境甚至会抛出错误。最终，追踪未处理的拒绝情况才被添加到 JavaScript 规范中。

5.1　检测未处理的拒绝情况

由于 Promise 的性质，我们无法直截了当地判断
Promise 被拒绝的情况是否得到处理。来看以下例子：

```
1   let rejected = Promise.reject(42);
2
3   // 至此，拒绝情况仍未被处理
4
5   setTimeout(() => {
6
7       rejected.catch(value => {
8           // 现在拒绝情况才被处理
9           console.log(value);
10      });
11
12  }, 5000);
```

我们可以在任何时候调用 then() 或 catch()，并且无论
Promise 的状态是否确定，它们都能正常工作。这使得我
们很难准确地知道 Promise 何时会被处理。在上面这个例
子中，Promise 会被立即拒绝，但直到后来才会被处理。

根据 JavaScript 规范，如果一个 Promise 的 then()
方法被调用（包括 catch() 和 finally() 被调用，因为
这两个方法在底层实现上其实都会调用 then()），那么
它就算得到处理了。实际上，只要 then() 被调用，无
论是否附加了履行处理器或拒绝处理器，都没有关系。
每一次对 then() 的调用都会创建一个新的 Promise，该
Promise 负责处理任何履行情况或拒绝情况。考虑以下
例子：

```
1  const promise1 = new Promise((resolve, reject) => {
2      reject(43);
3  });
4
5  const promise2 = promise1.then(value => {
6      console.log(value);
7  });
```

在这里，我们认为 promise1 得到了处理，因为 then()
被调用了，并且它带有一个履行处理器。当 promise1
被拒绝时，拒绝结果被传递给 promise2，而后者没有
被处理。JavaScript 运行环境将报告来自 promise2 的未

处理拒绝情况，而忽略 promise1。因此，JavaScript 运行环境并没有真正追踪所有未处理的拒绝情况，而只追踪 Promise 链中的最后一个 Promise 是否附加了某种处理器。

虽然 JavaScript 规范确实指出了如何追踪未处理的拒绝情况，但它并没有规定当发生这种情况时，运行环境应该做什么。这些细节被留给了运行环境本身，若运行环境不同，则需要采取的措施也不同。

5.2　在 Web 浏览器中追踪未处理的拒绝情况

HTML 规范定义了如何追踪 Web 浏览器中未处理的拒绝情况。这种追踪的核心在于由 globalThis 对象发出的两个事件，如下所述。

- unhandledrejection：如果一个 Promise 被拒绝，并且在事件循环的一个回合内没有拒绝处

理器被调用，那么globalThis 对象就会发出
事件 unhandledrejection。

- rejectionhandled：如果一个 Promise 被拒绝，
  并且在事件循环的一个回合之后有拒绝处理器
  被调用，那么globalThis 对象就会发出事件
  rejectionhandled。

我们应该结合使用这两个事件，以准确地检测未处
理的拒绝情况。下面这个例子显示了每个事件的触发点：

```
const rejected = Promise.reject(new Error("Oops!"));

setTimeout(() => {

    // "rejectionhandled" 在这里被触发
    rejected.catch(
        reason => console.error(reason.message)
            // "Oops!"
    );

}, 500);
```

```
12
13    // "unhandledrejection" 在这里被触发
```

在这段代码中，rejected 是一个被拒绝的 Promise，并且它最初没有附加拒绝处理器。一旦脚本任务完成，事件 unhandledrejection 就会被触发。这样一来，我们就知道脚本中存在一个没有拒绝处理器但处于拒绝状态的 Promise。计时器会在延迟 500 毫秒后添加一个拒绝处理器。这时，事件 rejectionhandled 会被触发，从而让我们知道之前被标记为未处理的拒绝情况现在已经被处理了。这意味着我们需要追踪触发这些事件的 Promise，以便准确地发现问题。

unhandledrejection 和 rejectionhandled 都会创建一个包含以下属性的事件对象。

- type：事件的名称（"unhandledrejection" 或 "rejectionhandled"）。

- promise：被拒绝的 Promise 对象。

- reason：来自 Promise 的拒绝值。

有了这些信息，我们就可以追踪没有拒绝处理器的 Promise，如下所示：

```
1   const rejected = Promise.reject(new Error("Oops!"));
2
3   setTimeout(() => {
4
5       // "rejectionhandled" 在这里被触发
6       rejected.catch(
7           reason => console.error(reason.message)
8               // "Oops!"
9       );
10
11  }, 500);
12
13  globalThis.onunhandledrejection = event => {
14      console.log(event.type); // "unhandledrejection"
15      console.log(event.reason.message);  // "Oops!"
16      console.log(rejected === event.promise); // true
17  };
18
19  globalThis.onrejectionhandled = event => {
20      console.log(event.type);  // "rejectionhandled"
21      console.log(event.reason.message);  // "Oops!"
```

```
22        console.log(rejected === event.promise); // true
23    };
24
25    // "unhandledrejection" 在这里被触发
```

这段代码使用 onunhandledrejection 和 onrejection-handled 的 DOM 0 级记法来分配这两个事件处理器。（如果你愿意，也可以使用 addEventListener()。）每个事件处理器都会收到一个事件对象，其中包含关于被拒绝的 Promise 的信息。属性 type、promise 和 reason 在这两个事件处理器中都是可用的。

　　尽管本节的重点是追踪 Web 浏览器中未处理的拒绝情况，但 Deno 已经将 HTML 规范中的这部分内容作为其 Web 平台兼容性的一部分来实现。因此，本节所讨论的内容也都适用于 Deno。

 在本书写作之时，Deno 已经为 worker 实现了 unhandledrejection 和 rejectionhandled，但还没有为主线程实现。这个问题应该很快就能得到解决。

5.2.1　在 Web 浏览器中报告未处理的拒绝情况

虽然 unhandledrejection 和 rejectionhandled 对于识别潜在的问题很有帮助，但是如果不为其添加一些额外的功能，那么它们对追踪生产环境中的问题帮助不大。我们不一定希望记录每一个未处理的拒绝情况，因为稍后可能就会添加拒绝处理器。因此，最好指定一个时间段，并说明我们希望该时间段内的所有拒绝情况都得到处理。比如，我们可能希望记录一分钟内没有被处理的所有拒绝情况。要做到这一点，我们需要追踪那些触发了 unhandledrejection 但没有触发 rejectionhandled 的 Promise。下面展示一种方法：

```
1  const possiblyUnhandledRejections = new Map();
2
3  // 当一个拒绝情况未被处理时，将其添加到 Map 中
4  globalThis.onunhandledrejection = event => {
5      possiblyUnhandledRejections.set(event.promise,
6          event.reason);
7  };
```

```
 8
 9    // 当一个拒绝情况得到处理时，将其从 Map 中移除
10    globalThis.onrejectionhandled = event => {
11        possiblyUnhandledRejections.delete(event.promise);
12    };
13
14    setInterval(() => {
15
16        possiblyUnhandledRejections.forEach((reason,
17            promise) => {
18
19            console.error("Unhandled rejection");
20            console.error(promise);
21            console.error(reason.message ?
22                reason.message : reason);
23
24            // 添加代码以处理拒绝情况
25        });
26
27        possiblyUnhandledRejections.clear();
28
29    }, 60000);
```

这是一个简单的追踪器，可用于追踪未处理的拒绝情况。它使用一个 Map 来存储 Promise 及其拒绝理由。每个 Promise 都是一个"键"，拒绝理由则是对应的"值"。每当 unhandledrejection 被发出时，Promise 及其拒绝理由就会被添加到 Map 中。每当 rejectionhandled 被发出时，得到处理的 Promise 就会被从 Map 中移除。因此，possiblyUnhandledRejections 会随着事件的发出而增大或减小。setInterval() 调用会定期检查可能未被处理的拒绝情况，并将信息输出到控制台中（在实际应用中，我们可能会采取其他措施或直接处理拒绝情况）。在这个例子中，我们使用了 Map，而非 WeakMap。这是因为，我们需要定期检查 Map 以查看还有哪些 Promise，而这在 WeakMap 中无法实现。

5.2.2　在 Web 浏览器中避免出现控制台警告

默认情况下，Web 浏览器和 Deno 会将未捕获的拒绝信息输出到控制台中。这不会因为我们监听

unhandledrejection 事件而改变。若要避免出现控制台警告，我们可以在 onunhandledrejection 事件处理器中调用 event.preventDefault()，如下所示：

```
1   globalThis.onunhandledrejection = event => {
2
3       // 避免出现控制台警告
4       event.preventDefault();
5   };
```

这个例子避免了出现控制台警告，但不影响 unhandledrejection 与 rejectionhandled 的关系。如果触发 unhandledrejection 的 Promise 在后来被分配了拒绝处理器，那么 rejectionhandled 仍然会被发出。

5.2.3　进行处理

就 unhandledrejection 与 rejectionhandled 的关系而言，还有一点较为奇怪：我们可以通过在 onunhandledrejection 事件处理器中添加一个拒绝处理器来避免触发 rejectionhandled，如下所示：

```
1   globalThis.onunhandledrejection = ({ promise,
2       reason }) => {
3       promise.catch(() => {});      // 处理拒绝情况
4   };
5
6   // 这部分永远不会被调用
7   globalThis.onrejectionhandled = ({ promise }) => {
8       console.log(promise);
9   };
```

在这种情况下，rejectionhandled 没有被触发，因为在该事件发生之前，我们已经添加了一个拒绝处理器。Web 浏览器假定我们已经知道该 Promise 得到处理，因此没有理由再触发 rejectionhandled。

 如果我们没有在 onunhandledrejection 中调用 event.preventDefault()，那么即使在 onunhandledrejection 中处理了拒绝情况，代码仍然会输出控制台警告。

5.3　在 Node.js 中追踪未处理的拒绝情况

在 Node.js 中追踪未处理的拒绝情况，其方式与在 Web 浏览器中类似，但不完全一样。在 Node.js 中有两个事件，但这两个事件是在进程上发出的，并且大小写规则不同于 Web 浏览器中的事件，如下所述。

- `unhandledRejection`：如果一个 Promise 被拒绝，并且在事件循环的一个回合内没有拒绝处理器被调用，那么该事件会被发出。
- `rejectionHandled`：如果一个 Promise 被拒绝，并且在事件循环的一个回合之后有拒绝处理器被调用，那么该事件会被发出。

与 Web 浏览器事件的另一个不同点是，这些事件处理器不接受事件对象作为参数。比如，`unhandled-Rejection` 事件处理器接受被拒绝的 Promise 及其拒绝理由作为参数，而非事件对象。下面的代码展示了 `unhandledRejection` 的用法：

```
1  const rejected = Promise.reject(new Error("Oops!"));
2
3  process.on("unhandledRejection", (reason, promise) => {
4      console.log(reason.message);         // "Oops!"
5      console.log(rejected === promise);  // true
6  });
```

这个例子用一个错误对象创建一个被拒绝的 Promise，并监听 unhandledRejection 事件。该事件处理器接受拒绝理由作为第 1 个参数，并将 Promise 作为第 2 个参数。

rejectionHandled 的事件处理器只接受一个参数，那就是被拒绝的 Promise，如下所示：

```
1  const rejected = Promise.reject(new Error("Oops!"));
2
3  setTimeout(() => {
4
5      // "rejectionHandled" 在这里被触发
6      rejected.catch(
7          reason => console.error(reason.message)
8              // "Oops!"
```

```
 9        );
10
11    }, 500);
12
13    process.on("rejectionHandled", promise => {
14        console.log(rejected === promise); // true
15    });
```

在这个例子中，rejectionHandled 是在拒绝处理器最终
被调用时发出的。注意，与在 Web 浏览器中不同的是，
拒绝理由并没有作为参数被传给 rejectionHandled 事
件处理器。

> 　　默认情况下，当发生未处理的拒绝情况时，
> Node.js 会抛出错误，除非有 unhandledRejection
> 事件处理器。我们可以通过使用命令行选项
> --unhandled-rejection 来改变 Node.js 的默认处
> 理方式。

- --unhandled-rejection=throw（默认）意味着会发出 unhandledRejection。如果没有为 unhandledRejection 指定事件处理器，那么拒绝理由会作为错误被抛出。我们可以通过使用 uncaughtException 事件处理器来捕获该错误。如果没有指定 uncaughtException 事件处理器，那么 Node.js 进程就会退出，并且 process.exitCode 被设置为 1。

- --unhandled-rejection=strict 意味着不会发出 unhandledRejection。相反，拒绝理由将被抛出，这可以用 uncaughtException 事件处理器来捕获。任何 unhandledRejection 事件处理器都不会被执行。

- --unhandled-rejection=warn 意味着会发出 unhandledRejection，并且无论是否定义了 unhandledRejection 事件处理器，代码都会输出控制台警告。process.exitCode 没有变化。

- --unhandled-rejection=warn-with-error-code 的作用与 --unhandled-rejection=warn 相同，只不过当进程退出时，如果没有指定其他退出代码，则将 process.exitCode 设置为 1。
- --unhandled-rejection=none 意味着忽略所有未处理的拒绝情况。代码不会向控制台输出任何信息，并且进程会继续执行。

我建议在生产环境中使用 --unhandled-rejection=strict，因为被拒绝的 Promise 可能使应用程序处于不稳定状态，就好像存在未捕获的错误一样。

在 Node.js 中报告未处理的拒绝情况

为了正确地追踪未处理的拒绝情况，我们使用 unhandledRejection 和 rejectionHandled 来维护一个存储潜在未处理 Promise 的列表（这一点类似于在

Web 浏览器中的做法）。在 5.2.1 节中，我们编写了 Web 浏览器可用的简单追踪器。下面给出 Node.js 版本：

```
1   const possiblyUnhandledRejections = new Map();
2
3   // 当一个拒绝情况未被处理时，将其添加到 Map 中
4   process.on("unhandledRejection", (reason, promise) => {
5       possiblyUnhandledRejections.set(promise, reason);
6   });
7
8   process.on("rejectionHandled", promise => {
9       possiblyUnhandledRejections.delete(promise);
10  });
11
12  setInterval(() => {
13
14      possiblyUnhandledRejections.forEach((reason,
15          promise) => {
16
17          console.error("Unhandled rejection");
18          console.error(promise);
19          console.error(reason.message ?
20              reason.message : reason);
21
```

```
22              // 添加代码以处理拒绝情况
23          });
24
25          possiblyUnhandledRejections.clear();
26
27      }, 60000);
```

该追踪器的算法与 Web 浏览器的例子相同，只不过它
使用了 Node.js 的特定功能。否则，possiblyUnhand-
ledRejections 会随着事件的调用而增大或减小，
setInterval() 则被用来定期检查列表，并将信息输出
到控制台中。

5.4　小结

所有 JavaScript 运行环境都会以某种方式追踪未处
理的拒绝情况。Web 浏览器和 Deno 实现了 HTML 规范
指定的算法，Node.js 则实现了自己的解决方案。这两
种解决方案都依赖于两个事件：一个是在发生未处理的
拒绝情况时发出的事件，另一个是在之后添加拒绝处理

器时发出的事件。

在 Web 浏览器和 Deno 中，每当检测到未处理的拒绝情况时，就由 globalThis 对象发出 unhandled-rejection。unhandledrejection 的事件处理器接受一个事件对象作为参数，其中包含事件类型、被拒绝的 Promise 及拒绝理由。如果发生未处理的拒绝情况，当代码添加拒绝处理器时，就会发出 rejectionhandled。rejectionhandled 的事件处理器也会收到一个事件对象，其中也包含事件类型、被拒绝的 Promise 及拒绝理由。

Node.js 也使用两个事件，但它们发生在进程上，并且名称略有不同：unhandledRejection 和 rejection-Handled。unhandledRejection 的事件处理器接受拒绝理由和 Promise 作为参数；rejectionHandled 的事件处理器只接受 Promise 作为参数。

以上两种解决方案都让我们能够了解未处理的拒绝情况，核心方法是监听两个事件并在一个单独的位置追踪它们提供的 Promise 列表。我们可以定期检查该 Promise 列表，并将结果输出到日志或报告系统中。

后记

Promise 在 2015 年被引入 JavaScript 时引发了很大的争议。当时很多人认为，这并非 JavaScript 异步编程的未来。几年后，尘埃落定，Promise 赢得了许多人的支持，尤其是在异步函数于 2017 年被引入之后。所有新的异步 JavaScript API 都使用 Promise。因此，深入理解 Promise 是 JavaScript 编程工作的重中之重。

我希望你享受这趟关于 JavaScript Promise 的探索之旅。

常见问题解答

基础性问题

一个 Promise 能否被多次履行或拒绝？

不能。Promise 的状态可以从"待定"过渡到"履行"或"拒绝"，之后便无法再更改。当 Promise 的状态改变时，与之关联的值也会被冻结，无法更改。

对于一个已确定状态的 Promise，如何知道其具体状态和值？

你需要为 Promise 附加履行处理器和拒绝处理器。

如果 Promise 处于履行状态，那么履行处理器将被调用，并传递 Promise 的值；如果 Promise 处于拒绝状态，那么拒绝处理器将被调用，并传递拒绝理由。

如何判断一个 Promise 的状态是否已确定？

无法判断一个 Promise 的状态是否已确定。这种设计是有意为之的。Promise 的设计初衷就是要让用户无须事先知道它的状态已确定。你只需为 Promise 附加履行处理器和拒绝处理器即可。当 Promise 的状态确定时，这些处理器将视情况被调用。

能否在 Promise 的状态确定前取消它？

并没有标准方法来取消处于待定状态的 Promise。一些依赖 Promise 的实用工具可能实现了取消 Promise 的方法，比如 fetch() 使用 AbortController，但这些方法仅由实用工具提供，并非所有 Promise 都可用。

关于 Promise 执行器函数

为什么执行器函数的第 1 个参数被称为 resolve 而不是 fulfill？

当 Promise 的值确定时，它就进入了履行状态（fulfilled）。在此之后，它的值无法再更改。调用 resolve() 函数仅在参数不是 thenable 对象时才履行 Promise。如果参数是 thenable 对象，那么 Promise 不会被履行，而必须等到 thenable 对象被履行之后才能被履行。因此，resolve 这个名字反映了这种行为。

能否针对一个 Promise 调用两次 resolve() 或 reject()？

在每个执行器中，只能调用一次 resolve() 或 reject()。在首次调用之后，对 resolve() 或 reject() 的任何进一步调用都将被忽略。

reject() 有存在的必要吗？为什么不直接通过抛出错误来拒绝 Promise？

你当然可以通过抛出错误来拒绝 Promise。然而，这样做与调用 reject() 不同。抛出错误需要使拒绝理由通过 JavaScript 运行环境的错误处理机制，这可能不是你想要的结果。如果从执行器函数的顶层抛出错误，那么从功能上讲，这样做相当于调用 reject()。然而，如果从执行器内部的闭包函数中抛出错误，那么错误处理机制就可能会捕获该错误，要么不拒绝 Promise，要么在整个过程中修改错误。若要确保 Promise 以你预期的拒绝理由被拒绝，唯一方法就是调用 reject()。

关于 Promise 方法

为什么 then() 既允许传入履行处理器，又允许传入拒绝处理器？

JavaScript Promise 的原始设计基于 Promises/A+ 规范。这是一项独立的工作，旨在标准化 JavaScript 库中的 Promise。Promises/A+ 规范将 then( ) 定义为附加履行处理器和拒绝处理器的唯一方法。当 ECMA-262 纳入 Promise 时，它侧重于兼容 Promises/A+ 规范，因为已经有许多 JavaScript 库遵循 Promises/A+ 规范。后来，为方便起见，ECMA-262 又添加了 catch( ) 和 finally( )。

Promise.race( ) 有存在的必要吗？为什么不直接使用 Promise.any( )？

的确，你可能会在大多数时候使用 Promise.any( ) 而不是 Promise.race( )。在最初的规范中，只有两个用于处理多个 Promise 的方法：Promise.all( ) 和 Promise.race( )。Promise.race( ) 引发了一些争议，因为已有的库并没有与之类似的方法，而它们确实有类似于 Promise.any( ) 的方法。最终，Promise.any( ) 也被添加到 ECMA-262 中，并且它似乎比 Promise.race( ) 更有用。

关于 await 表达式

针对同一个 Promise，可以多次使用 await 表达式吗？

可以。对于一个 Promise，使用 await 表达式的次数没有限制。每次调用 await 都相当于调用另一组 then() 和 catch() 来处理履行情况和拒绝情况。

可以针对已确定状态的 Promise 使用 await 表达式吗？

可以。在这种情况下，await 表达式仅会检索 Promise 的值或抛出拒绝理由。